园林谈往

——罗哲文古典园林文集

罗哲文　著

中国建筑工业出版社

图书在版编目(CIP)数据

园林谈往——罗哲文古典园林文集/罗哲文著.
北京：中国建筑工业出版社，2013.10
ISBN 978-7-112-15853-9

Ⅰ.①园… Ⅱ.①罗… Ⅲ.①古典园林－园林艺术－
中国－文集 Ⅳ.①TU986.62-53

中国版本图书馆CIP数据核字（2013）第219459号

责任编辑：张幼平　张振光
责任校对：张　颖　陈晶晶

园林谈往——罗哲文古典园林文集
罗哲文　著
＊
中国建筑工业出版社出版、发行（北京西郊百万庄）
各地新华书店、建筑书店经销
北京方舟正佳图文设计有限公司设计制作
北京方嘉彩色印刷有限责任公司印刷
＊
开本：880×1230毫米　1/16　印张：12　字数：360千字
2014年5月第一版　2014年5月第一次印刷
定价：98.00元
ISBN 978-7-112-15853-9
　　　　　（24598）

前　言

中国造园艺术有着悠久的历史，精湛的技艺，丰富的文化内涵，伴随着五千年（或更多的）文明史不断发展丰富，留下了众多的物质与非物质文化以至自然的双重遗产，它们不仅是中华民族而且也是全人类共同的财富。承德避暑山庄、苏州园林、北京颐和园、天坛、泰山、庐山等，已经相继列入世界遗产名录，还有很多很多的古典园林杰作，或已包括于其他世界遗产之内（如北京故宫的御花园、乾隆花园等），或正在申报世界遗产（如北京北海等）它们都是国家的光荣，民族的骄傲。

古典园林是古建筑中的一个重要类型，但又不能以古建筑来包括其全部。因为园林之中还有山、水、花草树木、鸟兽虫鱼等，所以往往以古建园林或传统建筑园林来称之。现存的《古建园林技术》刊物和中国文物学会的传统建筑园林专业委员会，在创办之初就考虑到这一特点而把园林特别强调了出来。当然若以广义的建筑和大文化的范畴而论，我国传统的营造二字或可包之。营造的不仅是建筑，还可营造一个良好的社会环境、文化环境、生态环境，甚至营造各种良好的氛围，等等。

我对古典园林的学习和认识，肇因于中国营造学社的恩师前辈们的启蒙，特别是梁思成、林徽因、刘敦桢等恩师。在70余年前我进入营造学社时期，林徽因先生就常常和刘致平、莫宗江先生谈起未能完成北京恭王府测绘工作（1937年）的遗憾。抗战胜利回到北平之后，

1947年她再次发动测绘恭王府和花园，但由于当时的情况，未能完成。而这两次测稿虽已保存不全，也都成了修复恭王府的珍贵资料。

为了扩充被近代从日本引进的"建筑"一词的范围，继承传统，梁思成、林徽因先生在清华大学创办建筑系的时候，特意将系名改为营建系。同时把园林作为重要的教学内容，敦聘汪菊渊先生等园林园艺专家来讲授，并组织教职员工和学生对颐和园、北海静心斋等进行测绘、实习与研究。后来因为教育改革，营建系之名与其他大专院校统一改为建筑系，园林组也被取消归入北京林学院。但清华大学建筑系的许多早期同学继续钻研，成了园林方面的知名专家学者，如已故的周维权先生和健在的郭黛姮教授等。

我之对我国悠久的造园历史和造园艺术的学习，还是受到我国早期园林学者陈植先生的启蒙。在中国营造学社时期，林徽因先生就介绍了陈植先生的《造园学概论》一书。这是一本大学的教材，内容非常丰富，抗日战争以前出版，可以说是近代第一本全面介绍造园学的专著。我有幸从旧书摊上买到了一本，认真进行了学习，是为后来对中国造园历史与造园艺术进行研究的重要启蒙，可以说是一块敲门的"金砖"。1950年，我从清华大学营建系调到中央文化部文物局负责古建筑文物的保护和调查研究工作，古园林更是其中一个重要的工作内容，办公地点就在北京最为优美的古园林北

海团城之上，与我国古园林结下了深厚的感情，其后多年也都居住在故宫、北海、什刹海的周围，感受尤深。

1951年，以梁思成先生为副主任的首都都市计划委员会（主任是彭真市长）成立了园林组，我又受邀成为工作组的成员，参加了北京市园林的保护与建设工作，向许多古建园林的新老专家学习与研讨，如汪菊渊先生等。其后古园林的保护和建设工作越来越多而且十分复杂和重要，如为了团城的保护，受郑振铎局长之命和梁思成先生的指教，1954年匆匆测绘、摄影并写成了介绍北海团城历史与价值的材料，呈送周恩来总理参考，引发周总理亲临团城考察，作出了保护团城的重要决策。这一材料，郑振铎局长让我整理成文发表在1955年的《文物参考资料》上。与此同时，又有中南海云绘楼的原状搬迁，在周总理征求了梁思成先生和郑振铎局长的意见之后，我又受命参加了这一新中国古建原状搬迁的全过程，并留下了搬迁之前的照片和有关决策搬迁的情况。60多年来，在工作之中参与古建园林保护、维修考察研究项目太多了，如承德避暑山庄内部占用单位的迁出，维修复原项目方案评审研讨，北京颐和园、天坛、北海的保护、维修、申遗、学术研讨，香山公园的国保评估，勤政殿复建的考察，等等，不知多少次奔走，故宫中的御花园、慈宁宫花园、建福宫花园、乾隆花园等更是行走其间不知多少次了。全国各地古建园林同样因工作之需也不知去过多少处多少次了，深为我国如此丰厚的园林遗产和精湛的造园艺术而感染。除了完成本身工作任务之外，也写了一些短文游记和诗词歌之颂之，有的发表于各种报刊，有的已经散失或遗忘。这些短文虽然甚是肤浅，但也费了点事。特别是得到许多专家学者、地方领导和友人的大力支持而完成，如西藏拉萨的罗布林卡，为了弄清它内部部分建筑的时代和壁画内容，就得到了前西藏文化厅文管会负责同志甲尖的大力支持，专门派人去考察摄影提供资料；福建漳浦赵家堡园池得到了中国建筑设计研究院傅熹年、陈同滨先生提供的图纸和资料；台湾板桥林家花园得到了李乾朗教授的大力协助；等等。

这里还要提到的是文化部文物局领导的支持。我一到文物局的时候，郑振铎局长就鼓励我说，你是搞专业的，现在来搞行政管理是国家的需要，但不能丢掉专业研究，专业对管理也是有好处的。王冶秋局长是搞文学的，鼓励我写文章并为我收集资料拍照片创造条件。他们都很热爱园林。王冶秋专门写了绛守居园池（隋代花园）的第一篇研究型文章。为了保护园林，研究十分重要，因而在20世纪50年代中期《文物参考资料》专门与我商量组织了一期以园林为主题的专刊。当时的新老专家陈植、陈从周、朱杰、朱家溍、卢绳、周维权、傅熹年、杨鸿勋、王世仁等都从各种不同角度写了文章。我写了一篇"园林谈往"的文章，介绍造园的历史，虽然很肤浅，但也算为以后造园史和造园艺术的研究开了个头。30多年前，我写了一篇"中国造园简史提纲"，就是在学习陈植先生《造园学概论》并结合工作中的考察研究和丰富的史料完成的。我先寄给了陈植先生指教，他十分热情地给我回信，主要是与他的观点相同（当时研究园林有园林史和园林艺术与造园史和造园艺术之争，他是后一派），因而给了我文章高度评价。其实两者所述内容都没有多大差别，但我认为从园林产生的过程和艺术来说以造园为宜。园林是造园的成果。这篇文章我曾在国外学术会上发表过，受到有关专家的关注。10多年前中国建筑工业出版社的同仁知我有不少的古园林资料和照片，特邀我加以整理出版了《中国古园林》一书，并曾多次重印。

中国园林被称为世界造园之母。特别是近年来中国的崛起，中华文化受到国际的高度重视，中国园林造园历史与艺术成果更是体现中国文化博大精深的重要组成部分。前几年美国一家出版社经过美方专家比较推荐，选取了《中国古园林》一书作为翻译出版的项目，国内的一家出版社（知识产权出版社）也决定将《中国帝王苑囿》一书译成外文。但在此两书之中，有不少的文章未能包括进去，如经我首次著文考证的北宋东京（开封）"金明池争标锡宴"图仅是在总论中提到而已。10多年以来又不断写了介绍古园林的通俗文章，丰富了近年来新增加的内容，如北京香山公园（静宜园）的勤政殿就是近年恢复的，在原来的文章中就未提到。直到2010年上海世博会上参加国际屋顶绿化立体绿化论坛上发言论述我国立体绿化"空中花园"和介绍钱学森先生关于园林艺术的高论等，以及我支持园林作为大文化范畴之一而为北京市园林局提出"文化建园"的题辞和部分数十年来有关园林风景名胜的诗词、序言、题辞等。经有关同志同道建议，认为这些文章和资料均可作为造园和园林爱好者与工作者之参考，于是检阅尚存旧稿加以初步编排成《园林谈往——罗哲文古典园林文集》一书，请教读者方家高明。

此外，在这里我还需要谈及一个问题，也是我从业学习与工作70年来一直关心的北京圆明园的保护与修复问题。我很小就从历史课本上知道圆明园被帝国主义焚毁的惨痛国耻。1946年我来到清华大学，就住在圆明园遗址边上，曾拍摄过当时的荒烟蔓草中的西洋楼照片，直接聆听了郑振铎局长1951年传达周总理关于保护圆明园遗址并要重修圆明园的指示，参加了圆明园学会的发起，以及历次关于圆明园遗址保护的规划设计讨论，并在全国政协写过保护与重修的提案。最近我还发表过圆明园兽首不能高价炒作购置，应由掠夺者送回的意见。我十分热爱圆明园，十分关心圆明园，因为它是我国古代造园艺术最后一个高峰的代表作，是历史文化艺术内容最为丰富的古园林之一，又是帝国主义野蛮侵略罪行的历史见证，价值太大了。

但是在圆明园的修复问题上，我一直坚持不能保持荒野蔓草满目荒凉的遗址，而是要修复的意见。古建筑的保护维修甚至复原重建是中国的特色。这一特色是由物质和文化两个基本条件构成的。中国古建筑以木材为主，不像古希腊罗马那种以花岗岩为主的砖石结构，一根根石柱可以独立在日晒雨淋之中，而中国的木构柱子梁架绝不能保存在日晒雨淋之中。中国的传统文化以和谐完善为美，不赞同残缺强烈反差美。古建筑不修它，它就不能存在，文物一没有了就没有任何价值可言。历史资料、图像资料十分珍贵，但它是另一个范围的事，不能代替文物本体的保护。这就是我一贯坚持的文物古建筑保护的中国特色。

再回头谈到圆明园。在 2010 年清华大学关于圆明园罹难 150 周年纪念会上，著名园林专家孟兆桢院士提出修复圆明园的提议，我非常支持和赞成。还有中国人民大学清史专家王道成教授等也主张重修圆明园。至于在人民群众中，我想更是大有人支持。据我实地接触到的情况，许多人认为现在的遗址起不到爱国主义教育的作用，更起不到普及园林文化艺术的作用。

这里我必须如实客观介绍一下 1952 年周恩来总理指示重修圆明园的情况。目前听到过传达周总理指示的人还有吴良镛先生，他是听梁思成先生传达的。他在 1978 年清华大学圆明园保护重修规划中提到周总理作过保护宜重修圆明园的指示，不是现在有些材料中"部分重修圆明园或是只保护遗址"的说法。我是直接听到郑振铎局长传达的。郑振铎局长传达说中国人民今天站起来了，帝国主义侵略破坏的文物我们有能力把它修复起来，这正是爱国主义的行动。郑局长还以身作则要我把文物局办公所在地北海团城上被八国联军破坏了的衍祥门重修起来，我专门从文整会（现在中国文化遗产研究院的前身）借调了李良姣同志到文物处来测绘设计，1953 年就完工了，大大振奋了当时的民族精神，这是具体的爱国行动。现在的团城衍祥门还在，《文物参考资料》上也有记录。这种爱国主义的行动不仅在中国在世界上也都如此，如"二战"后波兰华沙整个城市的重建，许多被法西斯破坏的古建筑文物都进行了重建，有不少列入今天世界文化遗产名录。我现在仍然认为周总理指示要重修圆明园的意见，不仅当时是正确的而且今天仍是正确的。当然如何重修、哪些遗址可以选择部分保存，还要认真研究。如西洋楼可按西方古建保护的办法保存遗址，不做复原重修。其他遗址也可选择部分保存等，这些都需要具体的分析。

我相信 60 年前周恩来总理和站起来的中国人民重修圆明园的愿望总有一天会实现的。

目　录

团城

团城在北京北海公园南门的西侧，位于故宫、景山之西和北海、中海之间，与这些宫殿、园林等建筑共同组成北京最为美丽的风景线；当人们经过它旁边的时候，总是会被那参天的苍松翠柏、夺目的碧瓦朱垣所吸引而流连。团城除了在风景、建筑方面美丽之外，在北京城的发展上更有悠久的历史。

一、团城的历史

远在八九百年前，当时的城垣还在今日北京城西南的时候，此地即已成为辽、金封建帝王的御苑。其后历元、明、清三代，随着京城向东迁移，团城及今天的三海都被包括在宫城之中，继续不断地加以经营修缮，始形成今天的规模。

在元代以前，团城当时的面貌，虽没有完备的文献可考，但根据一般的记载推测，它的位置是完全可以肯定的。传说金章宗曾在此与并坐聊句，由此也可以想见当时这上面一定有着建筑物和树木。现在团城上的一颗栝子松尚是金代遗物。

元代（公元 13 世纪）关于团城的记载已经非常详细了，不但说明了它的位置，而且建筑的形式和尺寸都有了明确的记载。团城当时是琼华岛南面水中的一个圆坻（即小岛），建筑名仪天殿，是一座重檐圆形的建筑。圆坻的东西

两岸均有木桥相通。

到了明朝（1368～1644 年），随着京城的南移重筑，北京的宫殿园苑也都大部重加改建，我们今天所见到的北京城垣、宫殿、园林、坛庙，大都是这时遗留下来的。尤其是明代，建筑城垣用砖突然增多（元代大都的城垣是用土筑的，明代即改用砖筑，其他如万里长城，各州、县的城垣，都由明代起改用砖筑）。在这时，把原来元代遗留下来，已经颓废了的仪天殿重加修葺，改称承光殿，将圆坻改为砖筑，是极为平常的事。它东面的木桥本来就很短，为了与宫中（大内）往来方便，尤其是在营建当时为运送砖、瓦、木、石等交通方便，逐渐填为平地，更属可能。由此看来，现在团城及其四周的环境，在明代初年即已建成了。当时的规模，从清初高士奇所著《金鳌退食笔记》中可以清楚地看出。

清代前期（公元 17 世纪）的团城，大部分仍是明代原来的样子，自康熙二十九年（1690 年）重建承光殿，乾隆十四年（1749 年）增建玉瓮亭以后，其全部规模与建筑即已完全保存到现在了。在乾隆钦定《日下旧闻考》和光绪《顺天府志》中，已有完整的记载。

二、团城的建筑布局

团城为一近似圆形的城台，周围用砖垒砌，

北京团城

城面边缘砌做城垛口，东西两面辟门，有磴道上下，城高5米多，全部面积约4500平方米左右。各种台式类型的建筑，在我国古代，尤其是汉代以前（公元前200年）非常盛行，团城还保存着这种建筑类型的意味。

从昭景门或衍祥门进入，有回旋陡梯上升，达于城面。陡梯出口处有罩门各一间，单檐庑殿顶。迎面正中古柏林中，有四柱琉璃亭子一个，即乾隆十四年增建的玉瓮亭，亭内放的即是元代玉瓮。玉瓮亭北即承光殿，殿前方的东西两侧各有门楼一座，东边的一座是昭景门，西边的一座是衍祥门，单歇檐山顶，檐下各悬匾额一方。衍祥门在庚子年（1900年）为八国联军击毁，1953年始由中央人民政府文化部予以恢复。承光殿两侧有东、西厅各七间，单檐硬山黄琉璃瓦顶。承光殿后侧，东为古籁堂，面阔三间前檐廊，单檐硬山顶；西为余清斋，建筑式样与古籁堂相同。余清斋的西边与沁香亭相通，亭平面正方形，重檐四注顶。承光殿之后为敬跻堂，沿着城边环列北面，共十五间，四周绕以回廊，冠以卷棚歇山顶。在敬跻堂的东西两端，利用地势堆砌假山各一座，山上建亭，东为朵云亭，西为镜澜亭。尤以镜澜亭巍然耸立，与琼华岛上的山石建筑遥相辉映。

承光殿

团城城面中央，有重檐大殿突出于苍松翠柏之间，即承光殿，它是团城的主要建筑。在辽金时，此地建筑的名称已不可考，元时名仪天殿。它的平面，正中为一正方形，在四面正中推出抱厦一间，因此便成了富有变化的十字形平面。南面正中有月台一座，三面均有阶梯可以上下。殿的东、西、北三面亦设有阶梯，殿的月台周围及阶梯两旁砌以黄绿琉璃瓦宇墙以代石栏。殿的外观，正中为一重檐歇山大殿，抱厦单檐卷棚式，覆以黄琉璃瓦绿剪边。瓦顶

北京团城承光殿 1

北京团城承光殿 2

北京团城玉瓮

飞檐翘角，极富变化，与故宫紫禁城角楼的形式相似，为古代建筑中不多见的优美造型。殿的内部中央立四根巨大井口柱以穿插抹角梁与四周柱子相联系，上下檐内外均施斗栱，整个建筑构造尚为清康熙年间的法式。

玉瓮

玉瓮本是北海琼岛顶上（今白塔位置）广寒殿中之物，径4.5尺，高2尺，围15尺，不但体积巨大，雕刻精美，而且由于它有早期的明确记载，是研究北京历史的重要文物。玉瓮的制作年代根据《元史·世祖纪》云："至元二年（1265年）十二月渎山玉海成，敕置广寒殿。"《辍耕录》更清楚地描述了玉瓮在广寒殿的位置和它的形象。这个玉瓮经元、明两代的变乱也曾流失于外。据《金鳌退食笔记》："广寒殿中有小玉殿……前架黑玉酒瓮一，玉有白章……其大可贮酒三十担，今在西华门真武庙中道人作菜瓮。"到了乾隆时始复将其回收，置于承光殿前，并建亭以贮之，乾隆自作《玉瓮歌》刻于其内，并命词臣48人应制作《玉瓮诗》各一首刻在石柱亭上。

玉佛

佛在承光殿内，坐像，高约1.5米，全身为一整块白玉石做成，洁白无瑕，光泽清润，头顶及衣褶嵌以红绿宝石。此佛传说是清光绪时自缅甸送来，其雕刻风格亦属缅甸风格，当无疑问。今玉佛左臂上有刀痕一块，系八国联军帝国主义侵略者所砍伤。

古树

在承光殿东侧有栝子松一棵，顶圆如盖，姿态苍劲，传为金代所植，为北京最老而又有记载的古树。另有白皮松两棵，探海松一棵，都是数百年前古树。封建帝王封这几棵树的官爵为：栝子松曰遮荫侯，白皮松曰白袍将军，探海松曰探海侯。承光殿前数十株古柏，树色苍翠，也都有数百年了。古柏植种得疏密相间，配合得宜，更加衬托出团城和承光殿的幽静景色。特别是树下的砖砌浅池，按树的疏密，作不同形式的穿插连接布置，既富于变化又适应需要，显得非常朴质大方。

（此文最早载于1955年《文物参考资料》第四期）

北京团城玉佛

北京团城白皮松

一幅宋代宫苑建筑写实画

——金明池争标锡宴图

1959 年 6 月文物出版社出版的宋人画册第十六集中，有一张天津市艺术博物馆馆藏的《宋代龙舟图》，是极其精美的宋代宫苑建筑写实画。

原画绢底工笔着色，在左下沿墙垣上有"张择端呈进"的字样。全画为一四周墙垣围绕的大池，池的正中筑十字平台，台中央建圆形殿宇，有拱桥达于左岸，岸左有彩楼、水殿；沿池四岸遍植垂杨，间有凉亭、船坞、殿阁之类。池中浮大龙舟并有小船、旗帜，作水戏争标之状。左、下两侧岸堤宽广，游人如蚁，非常热闹。

根据文献记载，这张画应是描写宋代京城汴梁的金明池中水戏"争标"的一个场面。宋绍兴年间孟元老所著《东京梦华录》描写金明池的情形说：

"池在顺天门街北，周围约九里三十步，池西直径七里许。入池门内南岸，西去百余步，有面北临水殿，车驾临幸，观争标锡宴于此；往日旋以彩幄，政和间用土木工造成矣。又西去数百步，乃仙桥，南北约数百步，桥面三虹，朱漆栏楯，下排雁柱，中央隆起，谓之骆驼虹，若飞虹之状。桥尽处，五殿正在池之中心，四岸石甃，向背大殿，中坐各设御幄，朱漆明金龙床……桥之南立棂星门，门里对立彩楼，每

争标作乐立妓女于其上。门相对街南有砖石甃砌高台，上有楼观广百丈许，曰宝津楼，前至池门，阔百余丈，下瞰仙桥水殿，车驾临幸，观骑射百戏于此。池之东岸，临水近墙皆垂杨，两边皆彩棚幕次，临水假赁，观看争标。北去直至池后门，乃汴河西水门也。其池之西岸，亦无屋宇，但垂杨蘸水，烟草铺堤，游人稀少，多垂钓之士……池岸正北，对五殿起大屋，盛大龙船，谓之奥屋……"（卷七"三月一日开金明池琼林苑"）

把上述记载与这张画对照一下，几乎没有多大出入，主要建筑完全吻合。如池与汴京城的位置，按照《东京梦华录》所记"东都外城，方圆四十余里……西城一面，其门有四：从南曰新郑门；次曰西水门，汴河上水门也；次曰万胜门；又次曰固子门；又次曰西北水门，乃金水河水门也"，金明池即在城之西墙外，顺天门是西城南起第一门，即新郑门（后改为郑门）。所说的"北去直至池后门，乃汴河西水门也"，（西水门）即汴京西城一边的南起第二门。由此可以知道池的位置当在汴京城西南，顺天门（即郑门）与西水门之外。从顺天门至西水门约二里余，与池的大小"周围约九里三十步"及《西安府志》所记："金明池在府城西郑门外西北，

金明池争标锡宴图

周回九里余"。每面合二里多亦相同。

　　现在让我们按照孟元老所记的顺序，来看一下画中的建筑情况：

　　在画的下侧，有一列垛堞如齿的城墙，城上高耸一座重檐的城楼，这一段城墙应即是汴京西城墙。从此可知画的下侧是东，上侧是西，左为南，右为北。从画的左下方（即南面）临着大街的门进去，上方（即西方）有一座伸入水中、前有宽广月台的重檐殿宇，这就是"入池内南岸，西去百余步"面北的临水殿。为皇帝观看争标、赐宴群臣的地方，所以除了一个大门之外，有一个拱形虹桥，飞跨池中十字岛

屿上，这个虹桥即是"南北约数百步，桥面三虹，朱漆栏楯，下排雁柱，中央隆起，谓之骆驼虹"的仙桥。桥的入口处有上置日月的棂星门，门外街南即宝津楼，门内有对称如阙的高台，台上有女乐，即《东京梦华录》所说"桥之南立棂星门，门里对立彩楼，每争标作乐立妓女于其上"的地方。过桥则是水中十字岛屿，正中为一座圆殿，四面各一殿，中央一殿，均以阁廊相接，正是《东京梦华录》所谓"桥尽出五殿，正在池之中心"的建筑。画的右侧，亦即池的北岸正中，有高大的船坞三楹，正是"池岸正北，对五殿起大屋，盛大龙船，谓之奥屋"的

建筑。池的西岸（即画的上边），没有任何建筑，但桃、柳较多，游人很少。也与"其池之西岸，亦无屋宇，但垂杨蘸水，烟草铺堤，游人稀少"的情况相合。

如果上面把《东京梦华录》所记金明池的建筑与画中建筑相对证的结果不错的话，那么我们还可以进一步根据《东京梦华录》卷七"驾幸临水殿观争标赐宴"一节所记的情况与画中的一些场面对证一下。在画的水殿月台上有黄色的棚帐、排列整齐的锦衣卫士和锦旗、华盖等物，即"驾先幸池之临水殿，赐宴群臣，殿前出水棚，排立仪卫"的地方。水池中有一只大龙船，一边有三支大桨；船上层楼高阁，龙头上站着一人。大船两侧各有小船五只，五只船上有十人划桨，船头各有一人舞旗排列整齐，与大龙船皆朝向水殿，这应即是"……又有虎头船十只，上有一锦衣人，执小旗立船头上……大龙船约长三四十丈，宽三四丈……上有层楼台观，槛曲安设御座；龙头上人舞旗，左右水棚排列六桨，宛如飞腾"的情况。

水殿前面有两排共十二面锦旗，即是《东京梦华录》所记"预以红旗插于水中，标识地分远近"的旗子。两排旗子中间有一根挂着锦彩的竿子，就是"则有小舟一军校执一竿，上挂锦彩银碗之类，谓之标竿，插在近殿水中"为争夺的锦标。

此外在水殿的右上方还有三间带蓬的船和高出水面的红架子，按照《东京梦华录》的记载，它们是已经表演完毕，推出去的水傀儡船和水秋千。在虹桥的上边（西面），有两船较大，可能即是《东京梦华录》所记朱勔所进的两只彩画间金、最为精巧的飞鱼船。

从上述情形看来，画中的一些场面与《东京梦华录》"驾幸临水殿观争标赐宴"的记载

相符，因此这张画应名为"金明池争标锡宴图"。

这张宋画除在绘画艺术方面的价值外，我认为还有两方面的意义。一方面，它是研究我国宋代建筑和园林的绝好参考资料，使我们知道金明池的整个布局是四岸红桃绿柳，中央建一岛屿，上建殿阁，以桥达于岸上，在两岸选择重点布置建筑，而让另一部分特别幽静。这不但是上承汉、唐传统，而且在明清的北海、颐和园也可看到这种影响。个别建筑如临水殿、大龙舟上的层楼，特别是水中圆殿的平面布局和立体结构的搭配，十分巧妙，在实物中还不多见。虹桥两端有华表，两旁的栏杆望柱都是宋代的结构方式。桥南两个如阙门式的高台也是只见记载而无实物的例子，实甚罕见。

另一方面，它表现了宋代帝王生活的一个镜头。这种争标锡宴活动虽然是操练水军（按金明池于后周世宗显德四年开凿，为欲伐南唐练习水军用的），也反映了宋代盛世的一些社会情况。

关于画的年代，按照建筑的形式、结构及细部手法来看，属于宋代风格。临水殿为徽宗政和年间的建筑，所以这幅画应在政和以后，但也不会在南宋淳熙（1174～1189年）以后，因为如果南渡时画家没有十五岁以上，是不会记忆起金明池的情况的。金明池在南渡后已毁。所以这画应该画在北宋政和（1111～1118年）至南宋淳熙（1174～1189年）之间。至于是否张择端所作，则无法确定，不过像这样精细熟练的工笔画，也有可能是他画的。按画史上提到他画过两张名画，一是《清明上河图》，一是《西湖争标图》，而没有金明池争标图，是否金明池俗称"西湖"，或是记载有误，或是另有西湖争标，都不得而知。对于古代绘画，我纯系外行，只能提供一些情况，请专家鉴定。

园林谈往

我国的造园艺术，有几千年的悠久传统和许多无比的优美杰作，其精湛的设计，顺应自然，利用自然，以及适应人们休息游乐的需要等，在造园艺术上可以说达到了高度的成就；因此，如何继承和发扬这份优秀传统，保存利用现在的许多园林杰作，是一件重要的事情。

兹将个人所知有关我国造园的历史和见到的几处园林，作简略介绍。

一、关于园林的文献

在古代历史文献中，关于园林的记载非常丰富，如《诗经》、《孟子》、《淮南子》以及《史记》等书中，都有关于园林的叙述，《三辅黄图》、《西京杂记》、《大业杂记》等记载营造园林以及当时园林盛况的事迹亦不少。各省县志书中对于名胜古迹、园林居宅的详尽记述，对于研究地方园林而言，为不可缺少的资料。他如《南宋故迹考》、《汴京遗迹志》、《历代宅京记》、《西湖全志》、《日下旧闻》、《日下旧闻考》等专门记述某一地方的古迹名胜的书籍，对于当地的园林史迹，叙述尤详。

在古代文学中，对于园林设计与园林情况的叙述、描写、歌颂非常丰富，如汉张平子《两都赋》，王文考《鲁灵光殿赋》，司马长卿《子虚赋》、《上林赋》，何平叔《景福殿赋》，谢叔源《游西池》，唐杜牧《阿房宫赋》等，

游春图—隋·展子虔

对园林刻画入微。《红楼梦》中对大观园的描写，体现了当时庭园设计的构思。

古今不少的旅行家，也以他们豪迈的笔调记录了各地名园的景色，因此不少游记、随笔中，也有关于园林的文献。特别是游览园林的专记，如宋李格非的《洛阳名园记》，明王世贞《游金陵诸园记》等，更是研究中国园林历史的宝贵材料。

在我国悠久的造园实践中，杰出的艺术家们作出了精湛的理论贡献，在明代以前的文献，散见于各种记载的不可胜计。明代崇祯间，吴江人计成（号无否）以其自身之造园经验，写成《园冶》一书，详述造园之理论技法，在我国造园史上写下了光辉的一页。该书凡三卷，分为兴造论、园说及相地、立基、屋宇、装折、门窗、墙垣、铺地、掇山、选石、借景等十章，地形选择、基础建立以及房屋门窗式样、墙垣、地面、假山堆叠等莫不详述；最后一章"借景"尤为独到，即是对于环境、四周景色的利用问题，也都申述备详，实是一部精湛的造园学专著。

明代大画家文徵明之曾孙文震亨著《长物志》一书，其中室庐、花木、水石诸章，论述亦极精湛。尤其是"水石"一章，备述园林中广池、小池、瀑布、天泉、地泉、流水的设计，以及灵璧、英石、太湖石、昆山石等之选用，其论水与石相结合亦是意匠深奥，与《园冶》一书相较，虽不及其全，但在我国造园史上，同为不朽杰作。

清代钱塘李渔（笠翁）《一家言》"居室器玩部"一卷，与园林设计亦有很大关系。如"房舍"一章中有："创造园亭，因地制宜，不拘成见，一榱一桷，必令出自己裁……土木之事，最忌奢靡……盖居室之利，贵精不贵丽，贵新奇大雅，不贵纤巧烂漫……"其余牖栏取景、大山、小山、石壁各节，也都深微奥妙，是研究我国园林史及造园艺术的一部重要论著。

二、记载中的园林

《诗经·灵台》上描述周文王的宫苑情形说："王在灵囿，麀鹿攸伏。麀鹿濯濯，白鸟鹤鹤。王在灵沼，于牣鱼跃。"《三辅黄图》说："文王作灵台而知人之归附，作灵沼、灵囿而知鸟兽之得其所。"

《周礼·地官记》中，记载了周代设官管理园囿的事。"囿人：中士四人，下士八人，府二人，胥八人，徒八十人。"以掌管园林事务及禽兽鱼虫的饲养，树林、花草、果木的培植等，可知当时的园林已相当宏大完备了。

春秋战国时候，各国对于宫室园苑的经营，竞相比赛，虽然实物不存，但从记载上尚可窥见其梗概。如吴王夫差之梧桐园、鹿园、姑苏台等，皆其著名者。《述异记》称："吴王夫差筑姑苏台，三年乃成，周旋诘曲，横亘五里，重饰土木，殚耗人力，宫妓千人，上立春宵宫作长夜之饮。""夫差作天池，浮青龙舟池中"，"吴王于宫中作海灵馆、馆娃阁、铜勾玉槛，宫之楹槛珠玉饰之"，足见其规模之宏阔与建筑之华丽了。秦始皇统一中国，在咸阳（今陕西西安市西）大兴土木，广营宫苑，规模宏大的上林苑在此建成。又于始皇三十五年在上林苑中建造了前殿阿房。据唐人杜牧《阿房宫赋》说："……覆压三百余里，隔离天日。骊山北构而西折，直走咸阳。二川溶溶，流入宫墙。五步一楼，十步一阁，廊腰缦回，檐牙高啄，各抱地势，钩心斗角，盘盘焉，囷囷焉，蜂房水涡，矗不知其几千万落……"以上的记录，虽系千年后之追述，亦可推知宫苑规模之巨大壮丽。

汉武帝继上林苑的规模，更加增广，园的范围三百里，离宫七十余所，名花异卉，珍禽奇兽，靡不毕备。甘泉园周可五百四十里，宫殿台阁百余所，有仙人观，石阙观，并凿昆明、昆灵等池以资充实水面。《汉宫典职》上说："宫内苑聚土为山，十里九坡，种奇树，育麋鹿、麎麂、鸟兽百种，激上河水，铜龙吐水，铜仙人衔杯受水下注……"由此可知苑中山水、花木、禽兽之繁盛。

除了帝王宫苑之外，汉代的私家园林亦空前兴盛，著名的如袁广汉于北邙山下经营之私园，《西京杂记》记称："茂陵富人袁广汉，藏锸巨万……于北邙山下筑园，东西四里，南北五里，激流水注其内，构石为山，高十余丈，连延数里，养白鹦鹉、紫鸳鸯、牦牛、青兕，奇禽怪兽委积其间，积沙为洲屿，激水为波澜，其中致江鸥海鹤，孕雏产鷇，延蔓林地，奇树异草靡不具植，屋皆徘徊连属，重阁修廊……"其他的私家园林可以此而推知。

三国时魏文帝起铜雀园，曹丕《铜雀台》诗描述园内景色道："……飞阁崛其特起，层楼俨以承天，步道遥以容与，聊游目于西山，溪谷纡以交错，草木郁其相连……"魏明帝曹叡起景阳山于芳林园中，重岩复岭，深溪洞壑，高林巨树，悬葛垂罗，石路崎岖，涧道盘纡，模仿自然山林景色，但园在城内缺水，又作翻车，令童转之灌水，于是更加完备。此外东吴的芳林苑、落星苑、桂林苑等都是有名的园林。

司马炎统一三国，建都洛阳，设灵芝园、平乐苑、鹿子苑、桑梓苑、鸣鹄园、葡萄园等园苑，改建华林苑，更事增辉，盛极一时。

南朝山水秀丽，条件天成，宋、齐、梁、陈四代于宫室园苑亦多经营。元帝南迁金陵（今江苏南京市），在台城之北建华林苑，复于台城附近植花柳、起楼台，一时为之称丽，如宋之乐游园、青林苑、上林苑，齐之新林苑、芳乐苑，梁之兰亭苑、江潭苑、上林苑等皆很有名。齐谢朓《入朝曲》描述金陵宫苑情形道："江南佳丽地，金陵帝王州。逶迤带绿水，迢递起朱楼。飞甍夹驰道，垂杨荫御沟"，可见其时宫苑面貌。此外，私家造园也盛极一时。如梁江淹《学梁王兔园赋》写道："碧山倚巇崎兮

象海水，碣石朝日辰霞兮栀红壁……青树玉叶，弥望成林……缥草丹蘅，江离蔓荆……于是金塘涵演，绿竹被阪……"北周庾信《小园赋》描述道："榆柳三两行，梨桃百余树，拨蒙密兮见窗，行攲斜兮得路……草树混淆，枝格相交……"从上面的描述中，可知当时私家造园艺术，以利用自然、顺应自然为上乘。

北朝园林，虽无南朝之盛，而帝都宫苑，亦有不少营建。如《册府元龟》上记载北魏道武帝"天兴二年春二月以所获高车众起鹿苑，南因台北距长城，东包白登，属之西山，广逾数十里，凿渠引武川水，注之苑中，疏为三沟，分流宫城内外"。规模亦复不小。

隋炀帝统一南北，大兴土木。据《大业杂记》载："元年夏五月，筑西苑，周二百里，其内造十六院，屈曲周绕龙鳞渠，其第一延光院，第二明彩院……院庭植名花，秋冬即剪杂采为之……每院开西、东、南三门，门并临龙鳞渠，渠面阔二十步，上跨飞桥，过桥百步即杨柳修竹，四面郁茂，名花美草，隐映轩陛，其中有逍遥亭，四面合成，结构之丽，冠绝古今……苑内造山为海，周十余里，水深数丈，其中有方丈、蓬莱、瀛洲诸山，相去各三百步，高出水面百余尺，上有通贞观、羽灵台、总仙宫……入海东有曲水池；其间有曲水殿……"其他尚有许多宫苑、林池，不可胜计。

唐代励精图治，国力富强，所建园林，如禁苑翠微宫、笼山诸园皆其著名者。《长安志》上说："唐禁苑在宫城之北，东西二十七里，南北二十里，东接西湖水，西接长安故城，南连京城，北枕渭水……神都苑周回一百二十六里"，规模之大，亦属少见。骊山华清宫，池涌温汤，林木茂密，"春寒赐浴华清池，温泉水滑洗凝脂"，明皇与贵妃当年游乐之地，亦是当时精美的园林之一。此外在唐长安城之东南角，因地势，就宜春苑旧基辟"曲江"，每

当二月中和、三月上巳、九月重阳等节，长安倾城空巷，公侯王孙、庶民百姓，甚至玄宗皇帝都前往游玩。环江有观榭、宫室、紫云楼、采霞亭等建筑，诚为封建时代少有的公共游乐之地。

唐代诗人、画家，以其对祖国山河景色、自然风物等吟咏、描绘的心得，用之于园林布局的设计而兼为造园艺术家者，为前所未有。著名的诗人白居易在其《庐山草堂记》中写道："匡庐奇秀甲天下山……元和十一年秋，太原人白乐天见而爱之，若远行客过故乡，恋恋不能去，因面峰腋寺，作为草堂。明年春……仰观山，俯听泉，傍睨竹树云石……是居也，前有平地，轮广十丈，中有平台，半平地，台南有方池，倍平台，环池多山竹野卉……"像这种完全融合于大自然中的设计方法，为中国园林布局上的特色。王维以有名的诗人与画家身份兼造园林，曾在辋川置别业，作庭园，在其内配置孟城坳、华子冈、文杏馆、斤竹岭、临湖亭、柳浪、白石滩等景色，以画设景，以景入画，互相融会贯通，达到了高度的境界。

宋代帝王之园囿，首推宋徽宗之寿山艮岳。《宋史·地理志》上记载："政和七年始于上清宝箓宫之东作万寿山，山周十余里，其最高峰九十步……山之东有书馆、八仙馆、紫石岩、栖贞嶝、览秀轩、龙吟堂，山之南则寿山两峰并峙，有雁池、噰噰亭，北直绛霄楼，山之西有乐寮，有西庄，有巢云亭，有白龙沜、濯龙峡……宣和四年徽宗自为艮岳记，以为山在国之艮，故名艮岳……自政和至靖康，积累十余年，四方怪竹奇石悉聚于斯，楼台亭馆虽略如前所记，而月增日益，殆亦不可数计。宣和五年朱勔于太湖取石，高广数丈，载以大舟，挽以千夫，凿河断桥，毁堰拆牐，数月乃至，赐号昭功敷庆神运石，是年初得燕地故也……"当时由宦官梁师成主持此事，平江（今江苏苏州）人朱

勔取浙中珍异花木竹石以进贡，号称为"花石纲"，专门在平江设了应奉局，所费动以亿万计。

宋代士大夫亦大量经营园林，如《洛阳名园记》所载富弼所营富郑公园，"洛阳园池多因隋唐之旧，而富郑公园最为近辟，而景物最胜。游者自其东出探春亭，登四景堂，则一园之景胜，可一览而得。南渡通津桥，上方流亭，望紫筠堂而还，右旋花木中，有百余步，走荫樾亭，赏幽台抵重波轩而止，直北，走土筠洞，自此入八大竹中……"园虽不大而景物亦复变化无穷。文潞公（彦博）东园，"水渺弥甚广，泛舟行者，如在江湖间也，渊映、瀍水二堂宛宛在水中，湘膚、乐圃二堂间列水石……"此园的布置以水取胜，亦是我国园林设计的一种传统风格。

在当时北方辽、金的园林，如辽南京、金中都（即今北京）的琼林苑、瑶光台、琼华岛（今北京北海公园琼岛）等，皆极有名。

元代大都（今北京）规模宏大，御苑在隆福宫之西，即今北海、中南海位置。

元代山水画家倪云林，对于名山胜景游历颇多，他所设计的园林如苏州狮子林即著名者。

明清两代园林，保存实物很多，其规模、面貌与设计构思、营造技术，均可从实物中研究分析。帝王宫苑，首推北京，如故宫中的御花园、乾隆花园、慈宁宫花园，西苑（今北海、中南海），颐和园以及被八国侵略军所毁之圆明、畅春、万春三园等是。热河离宫避暑山庄，设计营造别具匠心，与北京诸园相媲美。

北京王公府第以及私家花园亦复不少。

明清两代江南园林，蔚然兴起，其设计精湛，布局奥妙，造诣颇深，今日苏州所存拙政园、留园以及创自宋、元而经明、清修整之沧浪亭、狮子林等，都是园林艺术的杰作。据《苏州府志》所载园林明代有 271 个，清代 136 个。其他如无锡、杭州、南京园林之多，不可胜举。

北京北海琼岛

在一般城市第宅、乡村民居、寺观别院中，为了适合需要，往往在宅后房前开辟小型的庭院，凿池叠山，培花植树，甚至育兽养禽，布置花园，就中常有杰出作品，亦是造园艺术的重要部分。

三、现存园林

有许多保存至今的园林，都是过去数百年或千余年来，历代相继营建的成果，它们不但美化了祖国的城市、山河，而且体现了我们固有的文化成就。兹举数例于后，以供参考。

（一）北京北海公园（西苑）

在北京城内中心偏西北，有一处建筑精美的园林，即今北海、中南海。自辽、金以来，历元、明、清各代相继经营，已有八九百年之久。此地原来为帝王的禁苑，因此在建筑规模、各种设施上都是相当考究的。

北海的面积共 1071 市亩，水的面积占 583 市亩。全园布局可分作琼岛与沿海两大部分。琼岛是全园的中心，建筑精美，布置相宜，自

山脚至白塔顶共高约 67 米。登上白塔前琉璃阁往东一望，只见一片黄色瓦顶，金光夺目，所谓"帝城宫阙一目收"，从钟楼、鼓楼、景山、故宫一直可望到前门的箭楼。往南一望，只见中南海与北海相接，金鳌玉𬙂桥横跨，碧波荡漾，团城隐踞在浓荫深处。从白塔北面远望五龙亭浮游水面，大西天、阐福寺、静心斋、画舫斋、濠濮间等建筑沿着北海岸，或紧接毗连，或相间独立，围绕在北海的东岸、北岸。画舫游艇如穿梭一般交织在水面，真如图画一般。正如明代韩雍游西苑所描写，"都城万雉烟火，近而太液晴波，天光云影，上下流动，皆一望无际，诚天下之奇观也"。

琼岛本身的布置，南面为一组佛寺（永安寺），殿宇、亭阁高低错落，屋顶均用镶边琉璃瓦顶，色彩鲜明，有明显的中轴线，一望而知是一组较庄严的建筑物。东面建筑较少，只在对着东桥的山脚建半月城、智珠殿及惠日亭等几处建筑而已。旧日花木茂密，每当春日，枝头抽新，所称燕京八景之一的"琼岛春阴"即指此地。西面循庆霄楼而下为较陡的山崖，

北京北海仙人承露盘

北京北海濠濮间

北京北海静心斋

沿山崖建揖山亭、悦心殿、甘露殿、琳光殿、阅古楼等建筑，高低上下。乾隆《塔山四面记》说："室之有高下，犹山之有曲折，水之有波澜，故水无波澜不致清，山无曲折不致灵，室无高下不致情，然室不能自为高下，故因山以构室者其趣恒佳。"琼岛之北，我以为要比以上三面更富园林意味，如仙人承露盘的台子、荷叶殿、假山洞，特别是看画廊附近，游廊曲折爬上，别具风味，应是琼岛佳处。山脚长廊六十间，并建漪澜堂、道宁斋等，环湖周匝。自北面视之，围廊塔山，倒影水中，再借来景山诸亭衬托，景色更觉丰富。

北海除琼岛之外，沿岸建筑，也都各有特点，是曾经深加思索过的。兹举两处略加介绍。

濠濮间：在北海东岸一长条土山的北部，在山的高处建云岫厅与崇椒室长廊曲折北下，四周有假山土坡围成一个幽静的天地，当中弯曲的石桥横跨小池之上，桥头建水榭，名濠濮间，环境幽静可爱。此地创建于明嘉靖十三年（1534年），名"修禊"取王羲之兰亭修禊之意。

镜清斋：在北海北岸东头，现叫静心斋，创建于明代，清代屡加修理，现存建筑物大都是清代所建。镜清斋在北海公园中具有特有的风格，它的布局自成一个单位，好像一个小的单独花园。入大门之后是一个池沼，池的东边有抱素书屋、韵琴斋，西面有山池水桥，建画峰室。池的北面为堆叠玲珑的假山，假山上有沁泉亭、沁泉廊、枕峦亭等，沁泉廊东有石桥，桥北绕池由石梯上山，曲折迂回，参差变化。若以布局论，镜清斋在北京许多园林中要算优秀者之一。

（二）颐和园

颐和园在自然地形上有着较好的条件，北面是一座高达六十来米的万寿山，南面是面积广阔的昆明湖，全园面积共约五千亩，水面积约占五分之四，陆地只占五分之一，依山临水建筑高阁崇台、长廊亭榭，又在湖中筑长堤岛屿点缀。

由于此地自然条件优美，远在八百年前的金代，即曾在此建立行宫，曾有西山八院之称。万寿山自金元以来曾有金山、瓮山等名称，昆明湖曾称金水、瓮山泊、大湖泊、金海等，明代曾在瓮山建圆静寺，园名好山园。1750年，清乾隆帝就圆静寺址建大报恩延寿寺以为其母祝寿，将瓮山改名万寿山，并将金海大加疏浚，改名为昆明湖，全园名为清漪园，由是今日颐和园的面目大部形成，至今园内建筑大半仍系乾隆旧物。1860年帝国主义侵略军"英法联军"入侵，此园遭到焚毁。1888年慈禧太后挪用海军军费银八千万两修复，改名颐和园，以为消夏之所，全部规模保存至今。

颐和园的布局，继承了我国传统的园林布局方法，利用自然曲折变化，而主体建筑如智慧海、佛香阁、排云殿等则又宾主分明，主题突出，显示了雄伟的气魄。园中还效法江南诸处园林的长处，如谐趣园乃仿无锡惠山园，玲珑秀丽；

在昆明湖的西岸仿杭州西湖苏堤、白堤之意，建筑了西堤六桥；在后山并仿苏州街市之景，建筑了苏州街，商店市井，莫不具备，但苏州街已为侵略军焚毁，未曾修复（注：现已修复）。除了园内布置之外，设计者还把周围的环境也考虑在内，颐和园西面的玉泉、西山诸峰，也被借入园的景中。从东岸望去，只见长堤翠柳，后面隐隐现出玉泉山的宝塔和西山起伏的峰峦。

颐和园的布局，大体可分作东宫门和东山、前山、后山、昆明湖几部分。

东宫门和东山：颐和园有两个主要的门，即东宫门与北宫门，而东宫门是主门，因此在门内附近分布着许多重要建筑物。一进东宫门，即是一组较大的建筑仁寿门、仁寿殿。仁寿殿是清代帝后听政的地方，殿前陈列着雕刻精美的铜龙、仙鹤，院中的山石都很美丽。绕过仁寿殿南即面临昆明湖，这里使人胸襟顿开，只见万寿山雄峙北岸，昆明湖碧波连天，连西山景色也都一概映入眼帘，可说是颐和园的第一处壮观。殿北的德和园、颐乐殿是从前帝后群臣观剧之处，戏楼高大。自德和园往北为景福阁、

北京颐和园万寿山

北京颐和园西堤桥

北京颐和园谐趣园

益寿堂、乐农轩，由此下山而东，因地形布置了一个精美的小园"谐趣园"。此园以一个池子为中心，四周环绕着涵远堂、湛清轩、知春堂、瞩新楼等，小桥亭榭，游廊曲槛，曲折相联，自成一个格局。至此如入另一园中，好像园中有园似的。在仁寿殿之后临水建筑了乐寿堂、宜芸馆、藕香榭、夕佳楼等，栏杆、墙壁倒影水中，景色更觉美丽。

前山：颐和园前山为全园的中心，正中是一组巨大的建筑群，自山顶的智慧海往下为佛香阁、德辉殿、排云殿、排云门、云辉玉宇坊以至于湖面，构成一条明显的中轴线。

在这组中轴线建筑的两端，建筑了许多衬托的建筑物，东边以转轮藏为中心，西边以宝云阁（即铜亭）为中心，顺山势而下，相宜布置，并有许多假山隧洞，上下穿行，人行其中，别觉清凉有味。当人们登上佛香阁的时候，回首下望，只见一片金黄色的琉璃瓦殿宇，昆明湖中一望无垠，波光云影，上下流动，南湖中十七孔桥横卧波心，西堤六桥伏压水面，远望西山如黛，晴天就连北京城内的白塔、天宁寺塔、八里庄慈寿寺塔以及许多新建筑都齐集眼底，构成一幅宏阔的图画，此乃颐和园又一壮观。前山的东西两面，依山势上下，布置着许多建筑物，东边有重翠亭、玉峰彩翠、意在云迟、无尽意、写秋轩、舍心亭、养云轩等，西边有邵窝、云松巢、山色湖光共一楼、湖山真意、画中游、听鹂馆、延清赏楼、小有天、清宴舫、澄怀堂、迎旭楼等，莫不各据地势，彼此争辉。最为壮丽的是环湖一抹二百七十三间的长廊，依山带水，好似万寿山的一根项链。

后山：如果说颐和园前山是以气魄雄大取胜的话，那么后山则与之恰好成一个强烈的对比，即是以曲折幽静取胜。山路盘旋在山腰，两旁古松枟槎，有如古画。山脚是一条曲折的苏州河，时而山穷水尽，忽又柳暗花明，真有

北京颐和园万寿山下望

北京颐和园石舫

北京颐和园后山须弥灵境

北京颐和园后湖

北京颐和园苏州街

北京颐和园十七孔桥及龙王岛

江南风味的感觉。在后山的正中原来为一组仿西藏式的庙宇建筑，叫须弥灵境，惜大部为帝国主义侵略军所毁。后山的东部大部为山林树木，山腰花承阁中的琉璃宝塔，突兀半山，山下即是苏州河。自清琴峡往西至北宫门一带均是土山树木，行走其间，有如江南乡村景色。自北宫门起而西，沿河原来建有买卖街、苏州街等沿河建筑，当年帝王来游时，曾由宫监扮演买卖店家，临河叫卖，一如苏州临河市集，现在沿河街市已为侵略军所毁，只有遗迹可寻了。此外尚有清河轩、赅春园、留云、南虚轩、会芳堂、停霭、绮望轩、贝阙等点缀山间，互相呼应。

昆明湖：颐和园的北部万寿山布满了壮丽、幽静的建筑物，给人以富丽堂皇或幽静之感。园的南部则一片汪洋，满目清新，湖中有几处岛屿点缀其间，又以长堤、石桥加以联系。西堤六桥是仿照西湖苏堤手法，垂杨拂水，碧柳含烟，当人们沿着堤上漫步时，胸襟颇觉松畅。在堤之西南，有藻鉴堂、治镜阁等岛屿，据说是仿古代造园的"海中神山"（蓬莱、方丈、瀛洲）的传统来布置的。在西堤两端还有两个桥很美丽，即北头入水口的玉带桥和南头出水口的绣漪桥，桥面陡立，看去十分雄壮，俗称罗锅桥。洁白的高桥，映衬着碧柳垂杨，分外鲜艳。在湖的东岸湖心，还有一组独立在水中的建筑叫龙王庙，上有月波楼、鉴远堂、涵虚堂等。涵虚堂据说是仿黄鹤楼建造的。龙王庙的东面有一座十七孔长桥通往岸上，岸上有铜牛，守望湖心，与长桥、岛屿共同构成了一幅美丽的景色，是南湖中的一处壮观。

（三）苏州园林

"苏州园林甲江南"，人们用这样的词句来描述苏州园林的美丽，是不无道理的。苏州远在春秋时期即是政治经济文化发达的地区，

江苏同里退思园

河道交错，湖泊很多，山石便利，花木繁茂，给兴建园林提供了有利的条件。史籍记载苏州园林有数百处之多，今日保存的尚不少于数十处，其中如沧浪亭、狮子林、拙政园、留园、怡园、西园等，皆已整理开放。

苏州园林的特点是顺应自然，布局灵活，变化有致。有的园子虽然面积不大，但给人的印象并不是狭小的感觉。水池山石，曲槛回廊，以及一花一木的安排，都费过心机，因此处处使人感到有味。除了总体布局之外，在个别布置上也有特殊处理手法。其一是窗子。在苏州园林中，窗子是最让我感兴趣的。游廊上许多种不同花纹的漏窗，使墙壁显得玲珑轻巧。通过漏窗欣赏里面或外面的景色，好像一幅一幅活动的图画。沧浪亭的漏窗尤其好看。厅堂亭馆中有一种"景窗"，这种窗子只有不同形式的框子或花框，中间是空的，在窗子后面布置山石、竹子、芭蕉、花木，这些活景，恰好在框子之内，实际就是一幅活生生的画。还有一种大的空框窗，可以从这种空窗中看到重重的门户景致，使人感到深远清亮，其二是游廊。苏州许多园林中，游廊是很重要的一个因素，它不仅是为了联系的作用，而且晴天可以遮荫，雨时得以避雨，有很大的实际用途。大部分的游廊是一面临空，一面为白粉墙，临空的一面可以眺望宽阔的景色。在白粉墙上开有各种花纹的漏窗，乍看宛如画廊。还有一种爬山游廊，贴在园墙半腰（狮子林），墙上嵌碑帖铭刻，使人在游廊中行走，不知不觉已至墙下。其三是白粉墙。苏州园林中，雪白的粉墙，轻巧的青瓦屋顶，或隐现于绿树之中，或倒映于池沼里面，或夹峙于假山之间，使人感到格外清爽凉澈。粉墙上有的开设漏窗，有的辟作园门，有的墙头如微波伏卷，状若行云，在墙隅或墙下，叠山石数块，翠竹几枝，显得分外幽丽。此种白粉墙在苏州园林中占了很大的份量，也收到了很大的效果，其好处我认为主要有以下两点：南方树木多，绿色多，要求对比强，用白色最相宜；南方天气较热，白色反射日光，不吸收热，因此感到凉爽。

苏州留园漏窗

苏州拙政园水廊

苏州网师园回廊

雍容皇城故宫之旅

北京是一座千年古都，从金朝起的八百多年里，建造了许多宏伟壮丽的宫殿建筑，使北京成为我国拥有帝王宫殿、园林、坛庙数量最多、内容最为丰富的城市，这一点可以从北京城的建设布局方面体现出来。每一个初到北京的人，对这里宽敞笔直的大马路都会有一种强烈的感觉，而当你从高空俯瞰北京城时，你才能真正体会到什么是雍容皇城。

在北京众多古代优秀建筑中，最具代表性的建筑群是故宫。这里原为明、清两代皇宫，住过24位皇帝，建筑宏伟壮观、雍容华贵，完美地体现了中国传统的古典风格和东方格调，是我国乃至全世界现存最大宫殿，是中华民族宝贵的文化遗产。

故宫，又名紫禁城，位于北京市中心，东西宽753米，南北长961米，面积达72万平方米，共有宫殿房舍近万间，民间传说有9999间半，只比天帝的琼楼玉宇少半间。故宫外围有一条宽52米、深6米的护城河（也称筒子河），对这条河在老北京民间还流传着"后门有桥不见洞，前门有洞没有桥，东西两桥更蹊跷，有桥有洞没桥栏"的俗语。河内是周长3公里、高达10米的城墙，城墙四周都有门，南有午门，北有神武门，东有东华门，西有西华门，其中最讲究的是午门，它是北京城门中等级最高、文化含量最厚重的城门。

故宫大体上可以分成两部分：南为工作区，即外朝；北为生活区，即内廷。

外朝是皇帝处理政事的地方，主要有三大殿：太和殿、中和殿、保和殿。其中以太和殿最为高大辉煌。内廷包括乾清、交泰、坤宁三宫以及东西两侧的东六宫和西六宫，这是皇帝及嫔妃居住的地方，俗称"三宫六院"。在居住区以北还有一个小巧别致的御花园，是皇室人员游玩之所。

进入午门，是第一个广场，前有弯曲的小河金水河（又名玉带河）。河上有五座大理石砌成的桥，中间一座只有皇帝能通过，左文武官员，右皇室成员，不能乱走。再往前，便是太和门。门前，两尊青铜浇铸的狮子，右为雄狮，爪下有一铜球，象征权力；左为雌狮，爪下躺着一小狮，表示亲昵、母爱。狮头上的鬃卷，13卷为至尊，为皇宫专用。太和门是前三大殿的前门。地上金砖墁地，天花板描龙彩绘。地墁"敲之有声，断之无孔"，黑而发亮，光可照人。

出太和门，正前方是太和殿。太和殿是国内木制大殿之冠。这座大殿在民间又称"金銮宝殿"。殿为重檐庑殿顶，为殿宇中最高级别。太和殿广场占地3万平方米，整个广场无一草一木，空旷宁静，给人以森严肃穆的感觉。广场正中为一条笔直的御道，为皇帝专用。"太和"

北京故宫

北京故宫太和殿内景

北京故宫太和殿

北京故宫丹陛

语出《周易》，意为"阴阳汇合，冲和之气也"，"混同宇内，以致太和"，即指宇宙万物、和谐圆满。

太和殿坐落在工字形须弥座的前台上，分上、中、下三层，称为丹墀或丹陛。雕栏望柱，那些伸出的为螭首，口中小孔为出水孔，共有螭首1142个，如遇雨天，可见千龙吐水之奇观。

台基上每层放置的大铜炉共计18个，每当大典，铜炉中燃烧檀香，香烟缥缈，云腾雾绕。太和殿台基上面的大平台，放置铜龟、铜鹤各一对，象征"龟鹤千秋"，意为长寿。东有日晷，西有嘉量，象征皇权公正平允。这里是举行大典奏九韶之乐的地方，太和殿的正中安置皇帝的宝座，是封建皇权的象征。

第二大殿为中和殿。"中和"语出《礼记·中庸》，指不偏不倚，凡事做到恰如其分。殿为方形攒尖顶，在三大殿中居中，也最小，是皇帝去太和殿参加大典前休息的地方。

保和殿，其意为"志不外驰，恬神守志"，就是说神志得专一，以保持宇内的和谐，才能福寿安乐、天下太平。明朝册立皇后、太子时，皇帝在此殿受贺。清朝时每年初一和十五在此宴请王公大臣，场面十分壮观。这个殿最有名的事是举行殿试，皇帝亲自监考、主考，是科举考试的最高层次。

保和殿后是故宫中最大的一块石雕——云龙雕石，这块艾叶青石长16.57米，宽3.07米，厚1.7米，总重量二百多吨。上雕游龙，双龙戏珠，游于云雾之中。

从这里起进乾清门，便可进入后三宫，这里的布局和前三大殿大体相同，只是规模小些，是皇宫中的生活区。

乾清宫除是皇帝的寝宫和处理日常政务的场所外，还可举行元旦、灯节、端午、中秋、冬至、万寿等节的家宴。殿内宝座上方有一块匾，上书"正大光明"四个漂亮的正楷字，其意为公正、光明磊落。这块匾很有名气，与秘密立储传位关系密切，故事很多。

交泰殿是皇后每逢大典及生日受贺的地方。每年春节在此举行亲蚕仪式。

坤宁宫是皇后的寝宫，后改为祭祀之所。殿东有暖阁三间，为皇帝大婚之所，阁内设有龙凤喜床，按清制婚后只能在喜床上住两夜，第三天皇帝回养心殿，皇后回体顺堂。

西六宫与东六宫格局大体一致。其中最为重要的是养心殿，在各殿中排太和殿之后，占第二位。这里在清朝康熙前皆为皇帝寝殿，雍正以后，这里既是寝宫，又是处理政务、召见大臣的地方。

此殿东暖阁立单人座椅在前，是小皇帝的宝座，后排长生椅为慈禧和慈安垂帘听政时所坐。

在紫禁城中轴线三大殿的两旁，西边尚有武英殿、慈宁宫、建福宫；东边还有文华殿、文渊阁、宁寿宫、乾隆花园。文华殿、文渊阁是皇帝与群臣讲经习文、编书藏书的文坛重地，《四库全书》的第一部就藏在这里，大学士和珅与刘墉的许多故事大都发生在这里。

现在的故宫博物院是我国历史悠久、规模最大、收藏珍贵文物最多的博物馆，与法国卢浮宫、英国大英博物馆、美国大都会博物馆等同为世界著名的大博物馆。

这些古老的建筑，共同组成了紫禁城。

故宫规模宏伟，布局严整，建筑精美，富丽华贵的建筑群，收藏许多稀世珍宝，是我国古代建筑文化、艺术的精华。

一、御花园

御花园，原名宫后苑，在北京故宫内坤宁宫北。这是一座以建筑为主体的"宫廷式花园"。布局按宫殿主次相辅、左右对称的格局安排，山石、树木仅为陪衬建筑和庭院的景物。它以布局紧凑、建筑富丽取胜，在庄严整齐之中力求变化,富有浓厚的宫廷气氛。

花园正中有坤宁门和园内相通。东南、西南两隅设门,分称"琼苑东门"、"琼苑西门",可通东、西六宫。北有顺贞门(原名坤宁门),是宫墙北并列的三座琉璃门,门外为神武门。园东西长130米,南北宽90米,占地约11700平方米,为宫城总面积的1.7%左右。

园景大体分为三路,坐落全园中心的是钦安殿,内供道家称之为镇火的玄武神。殿的周围圈以矮墙,反衬出殿堂的巍峨高大。左右两侧还有几座亭台楼阁,前后映衬。在钦安殿左后方巍然矗立的是堆秀山,系利用多种形状的太湖石堆叠而成,原为观花殿旧址,于明万历年间(1573～1620年)才改堆成山,上筑御景亭,每年重阳节,皇帝率领后妃们来此登高赏秋,并在此眺望紫禁城宫城和御花园的景色。左右有磴道,供上下山之用。山下有岩洞,可穿游。殿后方为延晖阁,与御景亭遥相对峙。园内另一处重要建筑是

绛雪轩,门窗装修一概楠木本色,显得朴素雅致,轩前砌一方形五色琉璃花池,上堆有玲珑湖石,其间种植花卉,俨然一座灿烂绚丽的大型盆景,自成一优美境地。其余摛藻堂、凝香亭、万春亭、千秋亭等,雕梁画栋,富丽堂皇,分布有致,增添庭园景色。

园中有一条一公里的石子甬路,游人来此常常忽略它。如果低头细看,就不难看出,它是由720幅生动的图画和300多步长的连续图案所组成。全部的画面,都是用各色大大小小的石子和精磨的砖、细雕的瓦拼凑出来的。这些石子画的题材,主要采自《三国演义》中的故事,如"火烧赤壁"、"三战吕布"、"夜战马超"、"长坂坡"、"甘露寺"等,尤其是"凤仪亭"一幅,把貂蝉、吕布、董卓的神态,活灵活现地表现出来。此外,还有表现风俗、花卉题材的画,也十分逼真。

"堆秀山前景物芳,更逢晴日霭烟光。负冰锦鬣游文沼,试暖文禽绕鱼堂。彩燕缤

北京故宫万春亭

北京故宫御花园绛雪轩

北京故宫御花园铺地（一）

北京故宫御花园铺地（二）

纷先社日，青旆摇曳引韶阳。莫嫌花事迟追赏，通闰应知春倍长。"这首当年乾隆于初春早晨游后写成的七律诗，将御花园的充满生机的初春景色，描写得多彩多姿，让人爱不释手。

二、慈宁宫花园

慈宁宫在紫禁城内廷西路的北部，是皇太后、皇太妃的居所。花园毗邻宫的南面，呈对称规整的布局，主体建筑名为"咸若馆"。

紫禁城内宫殿建筑密集，大内御苑仅有御

北京故宫御花园御景亭

花园和慈宁宫花园等几处。而在皇城范围内，园林的比重就很大了，几座主要的大内御苑都建置在这里。在沿河的开阔地带、主要道路两旁、空旷地段上，一般都进行普遍的绿化。如紫禁城外的筒子河，"崇祯癸未（1643年）九月，召对万岁山观德殿，出东华门入东上北门，绕禁城行。夹道皆槐树，十步一株"。又如皇城之东御河北段，"河之西岸，榆柳成行，花畦分列，如田家也"。河边建"蹴园亭"，大概是皇帝踢毽子的场所。御河沿东苑一段更施以园林化的点缀：皇史宬东南有门可通河，河上建涌福阁跨桥，俗称骑龙楼。以东沿河北上，则吕梁洪、东安桥，更北为桥亭一座名涵碧，又北则河东岸为回龙观。观之正殿名崇德殿，旁有六角亭，庭院内花卉繁茂，河中多植荷花。陈悰《天启宫词》描写这一带的风景："河流细绕禁墙边，梳凿清流胜昔年；好是南风吹薄暮，籍花香冷白鸥眠。"因而也是皇帝驾临东苑时必游之地。此外，寺观、坛庙的庭院亦广植树木，太庙和社稷坛大片行植的柏树郁郁森森，其中有不少保留至今，成为北京城内的古树名木。

以西苑为主体的大内御苑，占去皇城的一大半，再结合广泛的绿化而形成一个宛若山林的大自然生态环境，足供帝、后、嫔、妃的游憩赏玩。明代后期，宦官专权，皇帝多不理政务，常年身居宫禁，大内御苑更加踵事增华，成为这些昏君们优游嬉戏、寻欢作乐的场所了。

三、建福宫花园（西花园）

在北京故宫中，现在保存的四座御花园中，建福宫花园是规模较大、年代较早、造园艺术极高、原来保藏的文物珍宝最为丰富的一座。

花园位于故宫的西部，建福宫的后部，所以习称之为西花园，建福宫花园之名却少为人知了。在明末清初时期，建福宫这一区域是皇太子居住的地方，按照清代的规制，太子继位之后，其住所相继升格，他人不能居住。乾隆皇帝继位后，十分留恋此地，便将这里大加改造，于乾隆五年（1740年）将其建成了建福宫花园，作为帝君们的宫内休息游乐之处。

建福宫花园占地约4000平方米，布局是以一个高大建筑延春阁为中心，周围分布楼、堂、馆、斋、亭、台等园林建筑，曲折环绕，高低错落，变化有致。在周围并无山水条件的情况下，巧为安排，达到了很高的造园艺术水平。西北的敬胜斋与吉云楼相连，背倚红色高大宫墙，衬托着雄伟的延春高阁。两侧的碧琳馆倚墙而筑于假山之上，其前曲墙庭院，小巧玲珑，十分精丽。延春阁前面则利用一块较为空阔的平地布置了一座湖石假山，三面环抱，上下穿行，并布置了玉壶冰、积翠亭等建筑，廊屋相连，上下通达。山上山下布置了石凳、石桌、石笋等设施，假山顶上还专门安设了石桌棋盘和石凳，在此下棋和观赏宫中的建筑景色，南望雨花阁的金龙爬脊屋顶，非常壮观。

建福宫花园建成后，乾隆皇帝对他着意经营的花园十分得意，将他自己收藏的古物珍玩和各地进贡、大臣们奉献的精品珍宝都收存在这里，建福宫因此成了清宫内收藏珍宝最多的地方。乾隆去世后，继承其位的嘉庆皇帝为了防止珍宝流失，下令将这些珍宝玩物全部封存，装满了建福宫一带的许多殿堂和库房。末代皇帝溥仪在《我的前半生》一书中，对建福宫花园写道："满屋都是堆到天花板的大箱子……这是当年乾隆最心爱的珍玩"。除此之外，一些楼阁中平时还供奉了许多金佛、金塔及各种精美的金玉法器和藏文经版以及清代9位皇帝的画像、行乐图和名人字画、古玩文物等，连溥仪大婚时候的全部礼品也都存放在这里。究竟有多少珍宝，原来无人统计过，仅据西花园失火后逊清皇室内务府开具的一张清单上说：此次共烧毁金佛2665尊，字画1157件，古玩435件，古书几万册。经过火场遗址的一番清理，人们在瓦砾中捡拾出被火融化的金银珍宝、佛像经版等，共装了508大麻袋，残伤玉器43箱，一些商人靠承包运焦土垃圾，又从中筛选出不少金银财宝发了大财。

这场无名大火发生的经过是1923年6月27日夜里，一股浓烟突然从建福宫花园中升起，随即大火熊熊燃烧，整整烧了一昼夜，直到第二天才扑灭。这座辉煌的御苑和满藏珍宝文物的库房只剩下了不燃烧的石砌台基和太湖石，损失之大无可估量。人们从故宫500多年的历史档案中看到，皇宫失火多次，都有原因可查，而独这一无名大火查不出原因来。后来人们从许多迹象中，查出了这样一个线索，称之为"偷盗犯放火灭迹"。自1911年清王朝被推翻之后，故宫的后半还让皇室居住。1923年早已被赶下台的溥仪皇帝，自知可能在此住不长久，要想知道宫中还藏有很多珍宝以便早为之计，便决定开展一次彻底的清点，重点当然就是建福宫花园了。原来这一处宝藏并不是无人问津。自从清末以来，皇家管束已经松弛，特别是王朝被推翻之后，宫中太监、管事们就不断盗窃财宝，偷偷携带出宫换取金钱。当时琉璃厂的许多古董摊、店市场上就经常出现从宫中流出的珍宝。他们从宫中偷出的东西太多了，彻底清点必然要露出破绽，一旦查出来，很多人都逃不脱关系，必然受到处罚。于是，便想了这个放火焚烧灭迹的招数，让你无从查对，这帮人也就"消灾免难"了。溥仪就是这样认为的，但拿不到证据，也就只好让它去了，成为永远的疑案。

这场火的遗址，自溥仪被赶出宫之后，虽然曾经也想做一些整修之事，并曾将其改作过球场加盖玻璃屋，但很快又成了废址。匆匆已是70多年过去了，眼看露天的遗址日晒雨淋，基础在不断损坏，残存的精美石刻也日益风化。如果不赶快抢救，连这一遗址也将逐渐消亡了。为此许多专家学者、有识之士不断呼吁要求复建故宫中

这处精美的古建园林精品，但总以国家文物维修经费不足，未能如愿。可喜的是在改革开放的大好形势下，香港爱国人士、企业家、中国文物保护基金会董事长陈启宗先生，慨然应允捐资400万美元对这一精美皇家花园的第一期工程延春阁等建筑进行复建。1999年此一复建工程已得到国务院的批准，国家文物局和故宫博物院的领导对此十分重视，广集院内外专家学者和工程技术人员之力，根据科学复原资料进行设计、施工，延春阁工程已于2001年4月正式上梁，举行了隆重的"建福宫花园复建一期——延春阁工程上梁仪式"。不久的将来，这一明清故宫紫禁城中的华丽宫苑又将再现昔日辉煌。

如此重大之文物复建工程，不能无文以记之，乃略记其始末，亲为辞曰：建福精构，御苑煌煌。华堂丽屋，稀世珍藏。遽遭祝厄，殿阁罹殃。霎时焦土，玉石俱亡。百年残址，行将沦丧。欣逢盛世，纲目同张。士人学子，协力齐倡。输资献智，再造辉煌。鸠工遴材，斧凿锵锵。上梁之日，共献华章。大安大吉，钟鸣鼓响。书以纪盛，万世流芳。

四、乾隆花园

乾隆花园，原名宁寿宫花园，位于北京故宫外东路宁寿宫西北侧。始建于乾隆三十七年（1772年），竣工于四十一年。因这座花园为清高宗乾隆皇帝做满六十年皇帝准备禅让退位后而兴建太上皇宫——宁寿宫时，在宫旁修建的花园，以供养老休憩之用，故后来人们一直习惯称它为"乾隆花园"。

花园南北长160米，东西宽37米，共占地5920平方米。步入花园正门，迎面一道湖石堆叠的山屏挡住视线，给人有"山重水复疑无路"之感。绕过山屏，豁然开朗，正中是一座三间南向的敞厅——古华轩。檐前种有古楸一株，每值春末夏初，满树繁花似锦，煞是好看。因古代"花"、

"华"二字相通，故轩厅取名"古华轩"。乾隆亲题对联："长楸古柏是佳朋，明月秋风无尽藏。"其联道出了这座建筑的借景手法。古华轩的西南有座禊赏亭，亭内有流杯渠，渠道呈双蟠龙形，全长27米。由于花园地处深宫，无泉无水，只好在附近的衍琪门西侧凿井一口，并安放两只大缸，汲井水蓄于缸，然后把水从缸内引入弯弯曲曲的流杯池，最后流入"御沟"。由于上下水道都巧妙地隐埋于山石之下，因此使人感到泉水仿佛出自天然。当年每逢三月三日修禊日，乾隆皇帝都要与王公大臣们把盏其间，吟诗作赋，仿效"曲水流觞"、"一觞一咏"的雅举。禊赏亭的西北石山上，又建一亭，名为旭辉亭，有磴道可以上下。

古华轩的东南有一个很小的别院，成为"园中之园"。园的西北绕曲廊，曲廊中部突出为矩亭，曲廊北头东转为抑斋。抑斋二间，南向，前后出廊，同曲廊相接，斋中供佛。斋外，在园的东南角一堆山石顶上有撷芳亭，斋北山石之上有一个露台，供登高、饮赏或纳凉之用。

穿过古华轩北面一道清水墙上开辟的垂花门，是一座典型的四合院，与前院亭轩相映、山石嶙峋的风格迥异。北面正房，为五开间前后出廊的遂初堂，意味着乾隆"遂"了23年前想做太上皇的初衷，东西两侧各为五间厢房。院中迎着垂花门点缀了几块秀石，植树三五，给人一种幽静、淡雅之感。

遂初堂前后出廊，走在后廊北望，又被满院石山所屏。沿廊西转北，是延趣楼。延趣楼前，有曲廊同正楼翠赏楼相连。翠赏楼有副楹联，为乾隆御题："金界楼台思训画，碧城鸾鹤义山诗。"联语借具有唐代金碧山水画家李思训的画境和唐代著名商人李商隐（字义山）的诗意，来概括抒写花园景致布局的风格。院中耸秀亭居高临下，挺拔秀丽，亭下满院山石，洞壑穿曲，磴道高下，盘绕曲遂取胜。深藏于东南山坞的

北京故宫乾隆花园旭辉亭

北京故宫乾隆花园禊赏亭

北京故宫乾隆花园古华轩天花

北京故宫乾隆花园古华轩

三友轩，更有风趣：轩内的隔扇、门楣、宝座、围屏、炕桌、茶几等，皆雕有松竹梅华纹，构图生动，雅而不俗。室外，山石之上则是青松环绕，绿竹丛生。"静坐西窗看三友，清点劲节益心身"，这是当年嘉庆皇帝从窗内观看"岁寒三友"时写下的诗章。

碧螺亭则是突出梅花的造型和内涵，重檐五柱，亭体呈梅花形，设计新颖，结构绮丽，从局部构件到整体犹如大花篮，故俗称"梅华亭"。

符望阁是整个西路景观的高潮。其名称表示花园的建成，完全符合乾隆在位时的愿望。它同其南面的碧螺亭、翠赏楼，都处在一条轴线上，阁的纵横都是五间，带有长廊。楼层为三间，平座四绕，上具攒尖大顶。符望阁的西面，有廊直通玉翠轩，轩匾写的是"得闲室"，属书房一类。阁东所见的曲廊，实际上是中路景祺阁的回廊。阁的北面，是倦勤斋，意为"规证休养"之所，面阔五间，南向，斋前左右都有回廊与阁相连。西回廊之西的石山上，是竹香馆，有八角门相通，题额为"映寒碧"。竹香馆，二层东向，二层南北都有斜廊可上下，南至五翠轩，北接倦勤斋西端接出之屋。屋内建有一个小戏台，供南府太监演唱之用。四周墙壁上都画了山野景色，天棚挂满藤萝，还绕以竹节凭栏，使这座四角攒尖的亭式戏台，仿佛建在牡丹山上的竹棚之中。演戏时，皇帝坐在正对戏台正面的阁楼中看戏，点燃纱灯，好像笼罩了一层暮霭，宛如置身于花园之中。

北海和团城

北海位于北京城内故宫和景山的西面，是北京城内最为精美的一处帝王宫苑，也是我国现在保存的历史最早的一处规模宏旷、布置精美的古代园林杰作。它不仅表现了我国古代造园艺术和建筑艺术的成就，而且也已经成了今天北京广大劳动人民和许多国内外来宾游览参观、休息、娱乐的好地方。

北海公园有着非常优美的自然条件和许多精美的建筑文物，这是800年来历代劳动工匠们辛勤劳动和智慧逐步创造起来的。但是在过去漫长的年代里，一直被封建统治者所占据，成为"禁苑"的一部分。直到辛亥革命推翻了封建统治之后才公开开放，让人游览，特别是新中国成立以后，才真正成了劳动人民的财产。

北京北海及琼岛东北向

一、北海的历史

北海的历史可以溯源到 800 多年前的辽、金时代，从那个时候起它成了帝王宫苑的一部分。辽、金时代，这里尚在当时都城的西北郊外，到了元代始以这里为中心营建大都，称作万寿山太液池。明、清两朝属于西苑的一部分。北海因与中海、南海三海分称而得名，根据乾隆时期御制《悦心殿漫题》云："液池只是一湖水，明季相沿三海分"，可知在明代即已有三海的分称了。

公元 10 世纪初，西辽河上的契丹族占据了唐代的蓟城，定为陪都，称作南京（或燕京）。那时南京城的位置还在今北京城的西南角上，北海这里由于有小山水池等自然条件，已被辽代的封建统治者选择作为游玩的地方了，当时称之为瑶屿，传说岛屿之巅曾有辽太后的梳妆台。《辽史》上记载："皇城西门曰显西，设而不开，北曰子北，其西城巅有凉殿。"推想当时这里还是有一处位于郊外自然风景较好的地点，人工建筑与设施还是比较少的。由于历史文献不多，遗迹久已不存，当时的情况已不容易查考了。

金代的琼华岛：公元 1153 年，金代统治者完颜亮正式建都"中都"，都城的位置差不多在辽南京的位置上。由于琼华岛这里的自然条件和辽代的基础，同时又在中都近郊，便于统治者们游览享乐，于是便大事经营，建筑了精美的离宫别馆。金代的历史文献记载："京城北离宫有大宁宫，大定十九年（1179 年）建，后更为宁寿宫，又更为寿安。"（《世宗本纪》）"明昌二年（1191 年）更为万宁宫，京城北离宫有琼林苑，有横翠殿、宁德宫，西园有瑶光

北京北海琼岛西侧

北京北海南侧

台，又有琼华岛，又有瑶光楼。"（《地理志》）从这些记载上得知，在金代，北海已经成了封建统治者的离宫，宫殿、园苑等建筑不少，其布置情况当以琼华岛为中心，围绕海子建造离宫别馆。金代对于琼华岛的布置修建已经进行了不少的工作，由于北方缺乏太湖山石，传说还特别去汴京拆除了宋徽宗所营筑的寿山艮岳的太湖山石，运到这里来布置琼华岛。并且还有这样一个传说：金代统治者当时迫使南方和中原地区的人民把粮食缴运到中都，但是为了拆运汴京艮岳山石，可以折合粮食，因此，人们把琼华岛这种山石称之为"折粮石"。由此可以想见金代统治者大力经营琼华岛的情况。

元代的万寿山太液池：公元 1215 年，元代统治者攻陷了金王朝的中都。忽必烈至元四年（1267 年），由于全国逐步统一，便决定在金中都的东北郊重建新的都城，命名为大都。大都的规划与建设即是以金的琼华岛海子为中心，在它的东西修建大内与许多宫殿。于是这里便由辽金时代的郊外苑囿，变成了包围在城市中心宫殿内部的一座封建帝王的禁苑，称之为"上苑"。至正八年（1348 年）赐名万寿山（亦有称万岁山的），池名太液池。关于元代万岁山、太液池的情况已有不少详细的记载，而且有实物为证，比较容易了解当时布局的情况。

关于元代太液池、万岁山的情况，陶宗仪在《辍耕录》中描写得比较详细：万岁山在大内（即今故宫位置）的西北，太液池的南面，其山皆用玲珑石作成，峰峦隐映，松桧隆郁，秀若天成。并且把金水河的水引到山后，转机运剌，汲水至山顶，从石龙嘴流出，注入方池，伏流至仁智殿后，水从昂首石刻蟠龙的嘴中喷出（即人工的喷泉），然后再从东西两面流入太液池内。山顶上有广寒殿七间，山半有仁智殿三间，山前有白玉石桥长 200 余尺，直达仪天殿（即今团城）的后面。桥北有玲珑山石，拥木门五道，门皆为石色，门内有平地，对立

北京北海白玉石桥

日月石，西有石枰，又有石坐床。平地的左右两面皆有登山路径，萦纡于万石中，出入于洞府，宛转相迷。山上的一殿一亭都各自构成了美景。山之东有石桥长76尺，阔41尺半，桥上有石渠，即是用以载金水而流至山后以汲于山顶的桥。又东为灵圃（《金鳌退食笔记》）称即今景山，奇兽珍禽在焉。

万岁山上的建筑很多，广寒殿在山顶，面宽7间，东西120尺，进深62尺，高50尺，重阿（重檐）藻井，文石砌地，四面琐窗，室内板壁满以金红云装饰，蟠龙矫蹇于丹楹之上，殿中还有小玉殿，里面设金嵌玉龙御榻，左右列从臣坐床，前面架设一个巨大的黑色玉酒瓮。玉瓮上有白色斑纹，随着斑纹刻鱼兽出没于波涛之状，其大可贮酒30余担。殿的西北有侧堂一间，东有金露亭，亭为圆形，高24尺，尖顶，顶上安置琉璃宝顶。西有玉虹亭，形状与金露亭相同。在金露亭的前面，复道（即爬山走廊之类）可登上荷叶殿、方壶亭。又有线珠亭、瀛洲亭在温石峪室的后面，形制与方壶亭、玉虹亭相同。在荷叶殿的西南有胭粉亭，为后妃添妆之所。

仁智殿在半山之上，三间，其东有介福殿，亦是三间，东西41尺，高25尺。仁智殿的西北尚有延和殿，形状与介福殿相同。介福殿前即是马湩室，为牧人的住所。延和殿前有庖室三间；马湩室前东侧为浴室。万岁山东西山脚平地上为更衣殿，三间两夹室，为帝后来此登山更衣之所。万岁山元代布局的情况大致就是如此。

《辍耕录》上提到太液池的情况说：太液池在大内西，周回若干里，植芙蓉。

从以上的记载中可以看出元代北海的布局情况，即是以琼华岛为主，布置各种建筑物，作为中心。除太液池的北岸建筑物较少、尚具自然成分较大外，基本上已与现在的情况差不多了。

明、清的西苑：三海因为在明、清两代王朝的皇宫之西，故称西苑，北海为西苑的一部分。明代初期的建筑布局仍然与元代相去不远。永乐十五年（1417年）改建皇城，将元代的故宫包括于内，于是西苑即成了皇城的西半部了。明代初期对西苑的修缮仍然大多是就原有建筑加以修理使用。如《宣宗实录》中有宣德八年（1433年）对琼华岛广寒殿、清暑殿施工的记载："今修葺广寒、清暑二殿及琼华岛。"《宣宗万岁山记》一文也说：当年他在永乐年间随太宗文皇帝来登万岁山，永乐帝曾经告诫他利用旧物不要大事兴建，此次"比登兹山，顾视殿宇岁久而弛，遂命工修葺"。到了英宗天顺年间，遂逐渐大加修缮，如天顺四年（1460年）即在琼华岛、太液池内新添了许多建筑。《英宗实录》上说：天顺四年九月丁丑，"新作西苑殿、亭、轩、馆成。苑中旧有太液池，池有蓬莱山（即琼岛），山巅有广寒殿，金所筑

也……上命即太液池东西作行殿三，池东向西者曰凝合，池西向东对蓬莱山者曰迎翠，池西南向以草缮之而饰以垩曰太素……有亭六，曰飞香、拥翠、澄波、岁寒、会景、映辉。轩一，曰远辄；馆一，曰保和。至是始成"。到了这个时候，北海的太液池东、西、北岸的建筑逐渐增多起来，明代西苑北半部的规模到这时已经形成了。这时北海的情况可从明李贤、韩雍《赐游西苑记》中得知一般。李贤《赐游西苑记》中写道："天顺己卯（1459年）首夏月吉日……过石桥而北曰万岁山，怪石参差，为门三，自东西而入，有殿倚山，左右立石为峰以次对峙。四围皆石嶙峋，龈腭藓苔蔓络，佳木异草上偃旁缀，樛葛荟翳，两腋迭石为磴，崎岖折转而上，崖洞非一，山畔并列三殿，中曰仁智，左曰介福，右曰延和，至其顶有殿当中，栋宇宏伟，檐楹翠飞高插于层霄之上，殿内清凉，寒气逼人……曰广寒。左右四亭在谷峰之

顶，曰方壶、瀛洲、玉虹、金露，其中可庋而息，前崖后壁夹道而入，壁间四孔以纵观览，而宫阙峥嵘，风景佳丽宛如图画。下过东桥，有殿临池，曰凝合，二亭临水曰拥翠、飞香，北至艮隅，见池之源，云是西山玉泉逶迤而来，流入宫墙，曰岁寒门。左有轩临水曰远趣，轩前草亭曰会景，循池西岸南行数弓许有殿临池，曰迎翠，有亭临水曰澄波。东望山峰倒醮于太液波光之中，黛色岚光，可掬可揽，雾霭云涛，朝暮万状……（按：此游记年月早于《英宗实录》所记一年，而其中所提主要殿宇已经有之，可能系前一年已经大部完成，后一年始完成予以实录的）"

从上面的记载中可以看出明代盛时北海的

建筑情况，琼华岛的建筑大致仍与元代万岁山差不多，但在东西北岸已增添了不少的建筑物，池的沿岸得到了很大的发展。

清代的北海，较之明代在总的范围上虽然规模仍旧，但在建筑物方面却有了比较大的变化。最显著的变化有两次，一次是顺治八年（1651年）将琼华岛山顶的主要建筑广寒殿和四周的亭子等拆除，建筑了一个巨大的喇嘛塔（即今天北海的白塔）和寺庙，并且又将万岁山称作白塔山。另外一次大的变化即是乾隆年间的增建，特别是琼华岛的北山和北海东北岸，添建了许多建筑物，又增添了不少内容。关于白塔山的建筑情况，在永安寺天王殿后现存乾隆年间所刻白塔山总记和《塔山四面记》中已记述得非常详细，北海东北

北京北海庆霄楼

北京北海白塔

岸的建筑情况在《日下旧闻考》中已有记录。从现在北海建筑的情况看来，可以说绝大部分还是乾隆时代扩建后的规模，因此也可以说现在的北海除部分改变之外（如阐福寺和小西天部分建筑被毁，先蚕坛已改变等），绝大部分还保存了清代盛时规模。

辛亥革命以后，封建统治者虽然被推翻，但是北海仍然被军阀所占据，经过五六次的筹划开放，历时六七年，至民国11年（1922年）11月始公开开放。但是园内处处都是破壁颓垣，荒凉满目，而且票价很贵，只有有钱有闲阶级才能来此观赏，普通劳动人民很少能够来到这里。日本帝国主义侵占时期和国民党统治时期也是如此。直到1949年北京解放，北海才真正回到人民的手中，人民政府立即对污积了100多年的海底污泥垃圾进行了疏浚清理，使海水清澈流畅，并逐年对琼岛和沿岸的许多古建筑进行修整，培植了树木花草。现在，每当春日园内百花盛开，满园春色，游人络绎不绝，夏秋游船如织，冬日在园内辟有冰场，每逢节日还在海面流放荷灯，举行盛大的游园晚会，一年四季接待着千千万万的游人，北海公园已成了北京城内最大的一处劳动人民游览休息的场所。

二、北海的园林布局与重要建筑物

北海与中南海一起，共同组成了北京城内最大的一处风景地区，琼华岛的历史最为悠久，更是三海中的重点。自辽、金、元、明、清以来皆为帝王宫苑所在，着意经营，在园林布局上有很大的成就。首先是这里具备很好的自然条件。北海正处于燕山西北环抱的一块平原的中心，从西山、玉泉山的金水河流到这里形成了一个较大的湖泊，在这个平原上有了这一块巨大水面，湖中又有小山，这是很难得的造园条件，而且又离辽代南京和金中都城的西北不远，所以在800多年前辽金时代就被选作郊外离宫。元代的统治者对这里更加重视，觉得在郊外还不能充分利用这个地方，就把首都搬到这里来，皇宫的布局即以太液池为中心。明清两代仍然是宫中的禁苑。历代之所以这样重视这里，正是因为有了这样一块水面和小山的缘故。因为中国园林如果没有水和山是无法布置的，山还可以人工建筑，而要较大的水，在古代则是人工难以办到的。古代造园建筑匠师们充分利用了这样有利的自然条件，精心布局，经过了许多代劳动人民的辛勤劳动才形成了今天北海公园园林的规模。因此，这处园林也可以说是几百年造园经验积累的成果。

北海园林总的布局继承了我国古代造园艺术中在水中布置岛屿、沿池岸布置建筑物和风景点的传统手法。全园面积共70多万平方米，水面占了一半以上，眼界开阔，这是城市内部园林很难有的条件。琼岛耸立于水面南部，以高耸的白塔、玲珑的山石和各种建筑物组成一个整体。东、南两面用石桥与岸边有机地联系在一起，并且还与东面的景山、故宫互相辉映，构成一大片壮丽景色。明人的游记就曾写道："东望山峰倒醮于太液波光之中，黛色岚光，可掬可抱。"我们今天站在北海的西岸向东南望去，的确可见远处的景山五亭倒影水中，若飘若动，更增添了北海的景色，这也是我国古代造园艺术中借用外围景色的传统手法之一。

至于沿岸一带的建筑则有濠濮间、画舫斋、镜清斋、天王殿、五龙亭、小西天等，或断或续，有的隐藏于翠绿林中自成格局，有的面临池面，有的突出于水中。建筑的形式有亭、台、楼、阁、水榭、游廊，变化不一，而且互相联系搭配，充分显示了中国古代建筑与园林布局相结合、相互增辉的成就。

北海公园主要的园林建筑有如下几处。

（一）琼岛

琼岛即是辽代的瑶屿、金代的琼华岛、元代的万岁山（或称万寿山）。明、清时期，琼华岛、万岁山间或并称，自顺治八年（1651年）建造了白塔之后始有白塔山的名称。各时期的建筑情况在上面已经简略谈到。

琼岛现存建筑大约可分为东、南、西、北四面，其布局与乾隆《塔山四面记》中所述基本一致。南面是一组佛教寺院永安寺，作为中心建筑，过堆云积翠桥从山麓至山顶主要殿宇

北京北海琼岛春色

北京北海五龙亭远眺

有法轮殿、正觉殿、普安殿和配殿、廊庑、钟楼、鼓楼等，均为清代建筑。寺的平面布局依着山形分为两段，中间以石磴道相联，在石磴道两侧布置山洞、隧道、假山、独石和碑亭等，使寺庙建筑与园林密切地结合起来。永安寺的两旁自山麓均有爬山磴道迂回曲折而上，东侧有振芳（已毁）、慧日亭，西侧有一组较大的建筑悦心殿、庆霄楼，为封建统治者来此"理事引见"和观看风景的地方。南面山麓临水有双虹榭等建筑。从整个布局来看，琼岛的南面

北京北海静心斋沁泉廊

北京北海濠濮间曲桥

北京北海阅古楼

虽然建筑较多，但中心被永安寺占去，显得比较谨严，缺乏灵活感。

琼岛的西面自悦心殿而下，山势较陡，布置了一组琳光殿建筑，两旁山路曲折，间之以围墙圆门等，整个气氛较富变化。在琳光殿的左面还引水布置一个小池，两岸山石嶙峋，山路环绕，但又与外面相联系。这里就是所说的"石桥锁其口，波与太液通"的地方。自琳光殿而右，沿山麓有半圆形围楼一座，即阅古楼，内部嵌存乾隆时模刻故宫中三希堂所藏自魏、晋以来著名的法帖碑版，阅古楼之后假山曲径与北山相连，又成一个风格。

琼岛的北山为假山和各种装饰点缀建筑物

集中之处，怪石嶙峋，崖洞幽邃，忽而爬升山半，忽而直下山底，人行其间倍觉清凉幽静。北山建筑可分为临水与山崖两部分。临水建筑是以一带长廊和三组突出的楼阁为主，东自漪晴楼起，西至分凉阁止，沿着海岸建筑了一排双层的临水游廊，正中还以远帆阁（后为道宁斋）、碧照楼（漪澜堂）和戏楼三组高起的楼阁作为中心，使游廊更富有变化。山崖部分的布置主要以假山为主，其间点缀着许多装饰建筑。西面自分凉阁而上有邀山亭、酣古堂、写妙石室、盘岚精舍、一壶天地、扇面房等，又有仙人承露盘耸立于假山之间，又有得性楼、延佳精舍、抱冲室等楼阁台亭和各种形状不同的建筑物，这些建筑均与假山隧洞密切配合成为一个整体。根据历史发展的情况看，琼岛北山在早期的建筑物比较少，自然景色较多，现在这些假山和建筑物应是明清以后，特别是乾隆以后才布置完成的。

琼岛东山也是风景较佳之处。自金代即传称的燕京八景中的"琼岛春阴"即在山的东面，有乾隆时重写的"琼岛春阴"碑一通，栏杆石座及碑首雕刻均极精美。沿着碑旁小路可上登至看画廊，游廊依山而筑，曲折萦回，人行其间观看周围景色，如在观看极为优美的图画一般。此外还有智珠殿、半月城和其他一些亭阁建筑。

塔山四面均有石梯山路可以通达山顶。山顶正中建喇嘛塔一座，由山麓至顶共高 62.8 米。塔的南面有琉璃小阁一座，名为善因殿，左右有石梯上达殿前，可凭栏眺望故宫、景山、中南海的景色。远处的天安门广场、人民大会堂和许多高耸云端的新建高楼大厦与许多古老的建筑物交织成了一幅伟大首都的壮丽景色。白塔的后面则俯望广阔的海面，游船如织，波光云影上下流动，五龙亭、小西天、阐福寺、天王殿等黄色琉璃瓦顶与古柏苍松和沿岸垂柳互相辉映，远处燕山如黛，又是一番美妙的景色。

（二）沿岸的园林布局与建筑

北海沿岸的园林建筑布局在辽、金时代的情况已无从查考，估计当时可能没有什么建筑。

北京北海琼岛北侧回廊

北京北海琼岛东侧

元代西岸是宫殿区,东岸与灵囿(今景山)相连,太液池中遍植芙蓉。明代则已有许多临水亭殿。现在的建筑大都为乾隆时期所留下的。其布局的方法大体可分为两类:一类是临水的建筑,一类是隐蔽于岸边的小型建筑群。临水建筑又有伸入水中的(如船坞、五龙亭等)和临水的建筑群(如天王殿、阐福寺、澂观堂、镜清斋等)。这些建筑虽然各抱地势,但彼此均有呼应。而海的东岸则采取了隐蔽的方式,把建筑物隐藏在土山、丛林之内,自成一个小区域,如濠濮间、画舫斋等即是,但是这些地方处处又有路可通海岸,不是隔绝而是有联系的整体。

(三)北海沿岸的主要建筑

濠濮间:自琼岛东山过陟山桥往北,一带土岗自南而北伸展,濠濮间即位于土山之后。涧系由海的东北角引水辗转经蚕坛、画舫斋而来,到这里成为一个内部水池,沿岸假山叠石非常玲珑秀丽,一道弯曲石梁横跨水面,桥北头还饰以石坊,桥南建临水轩室,旧额称为"壶中云石"。水轩内有游廊曲折而上,经山顶转至南面而下,非常幽静有致,尚有崇椒、岫云等堂殿与之相结合。游人从岸边辗转来到濠濮间,好似另有一番境地,也可说是园中有园的一种表现方式。其成功之处,不在于用围墙建筑隔开,而是以土岗、假山、树木等作为间隔。

画舫斋:自濠濮间而北,转过土山又有一组隐蔽于土山林木之间的建筑,即画舫斋。前为春雨淋塘殿,四周廊屋环绕,正中为一方形水池,画舫斋即为正面的一座临池殿阁。此外还有观妙、镜香、古柯庭、得性轩等建筑物,组成一个完整的院落。

出画舫斋而北,旧有先蚕坛,因原来建筑早已不全,现已改观。沿海东岸建筑大体如此。

镜清斋在北海的最北部,民国2年(1913年)始改成为静心斋,是北海公园中一处精美的园中小园。其前门正对着琼岛的中心,四周有墙围绕,而南面围墙用透空花墙使内外景色尚可隐约联系。墙外有碧鲜亭,实际乃装点围墙之用。静心斋内部的园林布局亦是以水池、石桥、假山和亭、阁、堂、室所组成,建筑布局看去是相互间隔,但是有着明确的中轴线和分射点。西部进门为水池,对面有沁泉廊,贴墙回廊缘山而上,再从北面绕道东部而下,尚有罨画轩、枕峦亭、画峰室等建筑。自假山之上俯览池中曲桥、回廊、亭、榭建筑与池水相映照,自是一番优美景色。

西天梵境又称作天王殿,是一组精美的佛寺,面临北海,正对琼岛。前有一精美的"须弥春"琉璃牌坊,后有三道琉璃门墙,进门有天王殿、大慈真如宝殿及琉璃阁等建筑物。大慈真如宝殿全部用楠木建成,琉璃阁为发券无梁殿结构,外面嵌砌五彩琉璃花饰与佛像,

北京北海静心斋石桥

备极精美。

　　西天梵境的西面尚有一座建筑，但早已毁去，现在仅存五彩琉璃照壁一座，即是北海有名的九龙壁。九龙壁高 6.09 米，长 25.52 米，厚 1.42 米，全部用琉璃砖刻作烧制，两面刻九条五彩大龙，飞舞腾翔于波涛云气之间，非常生动优美，特别是色彩极为鲜艳，是我国琉璃工艺建筑中的珍贵作品。

　　九龙壁之西有澂观堂、浴兰轩、快雪堂，再西即阐福寺，寺的大殿于民国初被烧毁，寺前即五龙亭。

　　五龙亭共有五个亭子，中为龙泽亭，东为澄祥亭，再次为滋香亭，西为涌瑞亭，再次为浮翠亭。龙泽亭为重檐圆顶，余四亭皆方顶。五亭相互有石桥相接联成一体，石桥婉转相连，跨于水面好似游龙行动，特别是全部伸入水中，使海岸景色发生变化。这是北海岸边优美的建筑物。在五龙亭的西北尚有观音殿、万佛楼等一组宏壮的佛寺。观音殿为一巨大的四方形攒尖顶大殿，其四周引水为小池，跨小桥于上，每面有琉璃牌楼一座，连以短墙，墙的四隅又有小亭各一，原来在观音殿内有八百罗汉山和

北京北海小西天

北京北海九龙壁

北京北海五龙亭

仙山悬塑。观音殿之后的正殿已毁，现尚存万佛楼一座，耸立于北海的西北角，楼高 3 层，非常雄壮。

自观音殿南行，沿北海的西岸现在已无建筑保存了，但是在西岸观看东北岸的琼岛的景色确是好的处所，远处的钟鼓楼和景山亭子均好像在岸边，增色不少。原来明代这里尚有迎翠殿、澄波亭，但现在早已不存在了。

（四）团城

团城在北海公园南门的西侧，位于北海、中海、金鳌玉蝀桥与故宫、景山之间，与这些宫殿园林互相联系，共同构成北京城内最为优美的风景区。

1. 团城的历史

远在八九百年前，团城这里即与北海同时被辽金时代的统治者占为"御园"，它即是琼华岛前面水中的一个小屿。当时的情况没有详细的记载，可能只有一些树木和小型的建筑物。到了元代，团城的记载已经比较详细，不但它的位置和形状，而且上面的建筑物的大小尺度也都有了记载，当时称作圆坻（即小岛），岛上主要建筑为仪天殿。小岛四周环水，东西有木桥与岸相连，陶宗仪《辍耕录》上记载说："仪天殿在池中圆坻上，当万寿山，十一楹，高三十五尺，围七十尺，重檐圆盖，顶圆，台址甃以文石，藉以花茵，中设御榻，周辟琐窗，东西门各一间，西北侧堂一间，台西向，列甃

北京团城

砖龛，以居宿卫之士。东为木桥长一百二十尺，阔二十二尺，通大内之夹垣。西为木吊桥，长四百七十尺，阔如东桥，中阙之，立柱架梁于二舟，以当其空，至车驾行上都，留守官则移舟断桥，以禁往来，是桥通兴圣宫前之夹垣，后有白玉石桥，乃万寿山之道也。"

从这段记载，可以很清楚地了解元代仪天殿的情况。与现在比较，当时西部尚是水面，水上有木桥，东面现在金鳌玉蝀桥的位置是木吊桥，当时还没有城墙、垛口。仪天殿与今天的承光殿不同，是重檐圆顶的。

明代团城的情况与元代相较有了较大的改变，主要的变化是把西面原来通天宫中的木桥填为平地，重修仪天殿并改名为承光殿，并且把岛屿周围用砖筑成圆形城墙，基本上形成了今天团城的格局，但承光殿尚是圆形的，在明代韩雍《赐游西苑记》、清初《金鳌退食笔记》和其他许多文献中已有记载。韩雍《赐游西苑记》说："圆殿观灯之所也，殿台临池，环以云城，

历阶而登，殿之基与睥睨平，古松数株，耸拔参天。"

清代团城的情况在清初大部分保留了明代的样子。康熙七八年间承光殿倒塌，康熙二十九年（1890年）重建承光殿，并且把圆殿改成了十字形平面的重檐四面歇山式的建筑，乾隆年间又进行了较大的修建之后，即成了现存的情况，在《日下旧闻考》中已有明确的记载。

2. 团城的建筑布局

团城为一近似圆形的城台，周围用砖垒砌，城面边缘砌做城堞垛口，东西两面辟门，有磴道上下，东为昭景门，西为衍祥门。城高5米余，全部面积约4500平方米。

由昭景门或衍祥门进入，沿回旋砖磴道上升，可达城面。磴道出口处有罩门各一间，单檐庑殿顶。城面正中即为承光殿，殿前有玉瓮亭一座，即乾隆十四年（1749年）所建以存玉瓮者。承光殿东西两侧有门楼两座，即昭景、衍

北京团城承光殿北侧

北京团城白皮松

祥门楼。衍祥门在庚子年（1900年）八国联军侵入北京时为侵略军所毁，1953年由文化部照原样恢复，梁柱以钢筋混凝土代之。脊下有郑振铎所书重建题字。殿侧有东西庑各七间，殿后东为古籁堂，西为余清斋，均为三间单檐硬山式。余清斋西有回廊与沁香亭相通。殿后又沿着团城的边缘环列廊屋十五间，名为敬跻堂。堂的东西因地势堆置假山，山上建亭，东为朵云亭，西为镜澜亭。廊屋、亭子、假山组成一组环状的园林景色，与琼华岛上的山石建筑遥相辉映。

承光殿 承光殿是团城的主要建筑。它的平面，正中为一正方形，在四面正中推出抱厦一间，因此便成了富有变化的十字形平面。南面正中有月台一座，三面均有阶梯可以上下。殿的东、西、北三面亦设有阶梯，殿的月台周围及阶梯两旁砌以黄绿琉璃瓦宇墙以代石栏。殿的外观，正中为一重檐歇山大殿，抱厦单檐卷棚式，覆以黄琉璃瓦绿剪边。瓦顶飞檐翘角，极富变化，与故宫紫禁城角楼的形式相似，为古代建筑中不多见的优美造型。殿的内部中央立四根巨大井口柱以穿插抹角梁与四周柱子相联系，上下檐内外均施斗栱，整个建筑构造尚为清康熙年间的法式。

玉瓮　玉瓮本是北海琼岛顶上（今白塔位置）广寒殿中之物，径4.5尺，高2尺，围15尺，不但体积巨大，雕刻精美，而且由于它有早期的明确记载，是研究北京历史的重要文物。玉瓮的制作年代，《元史·世祖纪》"至元二年（1265年）十二月渎山玉海成，敕置广寒殿"。《辍耕录》更清楚地描述了玉瓮在广寒殿的位置和它的形象。这个玉瓮经元、明两代的变乱也曾流失于外，据《金鳌退食笔记》记："广寒殿中有小玉殿……前架黑玉酒瓮一，玉有白章……其大可贮酒三十担，今在西华门真武庙中道人作菜瓮。"到了乾隆时始复将其回收，置于承光殿前，并建亭以贮之，乾隆自作玉瓮歌刻于其内，并命词臣48人应制作玉瓮诗各一首刻在石柱亭上。

玉佛　佛在承光殿内，坐像，高约1.5米，全身为一整块白玉石做成，洁白无瑕，光泽清润，头顶及衣褶嵌以红绿宝石。此佛传说是清光绪时自缅甸送来，其雕刻风格亦属缅甸风格，当无疑问。今玉佛左臂上有刀痕一块，系八国联军帝国主义侵略者所砍伤。

古树　在承光殿东侧有栝子松一棵，顶圆如盖，姿态苍劲，传为金代所植，为北京最老而又有记载的古树。另有白皮松两棵、探海松一棵，都是数百年前古树。封建帝王曾封这几棵树的官爵，栝子松曰遮荫侯，白皮松曰白袍将军，探海松曰探海侯。承光殿前数十株古柏，树色苍翠，也都有数百年了，古柏植种得疏密相间，配合得宜，更加衬托出团城和承光殿的幽静景色。特别是树下的砖砌浅池，按树的疏密作不同形式的穿插连接布置，既富于变化又适应需要，显得非常朴质大方。

北京团城承光殿

北京团城玉瓮

北京团城承光殿内景

北京团城古松

　　北海及团城在我国古代园林建筑史造园艺术上有着重大的价值,而且在研究北京发展史上也是极为重要的实物,因此在1961年已由国务院公布为第一批全国重点文物保护单位。

　　(原载1962年北京市文物工作队编印的《北京名胜古迹》)

颐和园

——中国古典园林的珍贵遗产

中国园林建筑艺术有悠久的传统，在世界造园艺术中独树一帜，有重大的成就。几千年来我国古代造园工匠，以他们辛勤的劳动和智慧，创造了许多具有高度艺术成就的园林，颐和园仅是千千万万个园林中保留下来的一个。

颐和园在北京的西郊，距城 10 多公里。它是我国现在保存规模宏大而又完整的一处古代封建帝王的宫苑。由于它园林建筑艺术的优美，

北京颐和园万寿山

北京颐和园万寿山

是国内外游人所向往的游览胜地。

在介绍颐和园之前，有必要先把我国造园的历史作一简略的回顾。

相传在殷代，奴隶主就迫使奴隶为他们建造了规模宏大的园林。

远在 3000 多年前的周代，就已有了描写园林情况的作品。如《诗经·灵台》："王在灵囿，麀鹿悠伏。麀鹿濯濯，白鸟鹤鹤。王在灵沼，于牣鱼跃。"诗中所写的灵囿，就是养有禽兽的动物园。灵沼是饲养鱼类的池沼。诗中还描述了园中鸟兽鱼类活泼驯服的景色。

《周礼·地官》一书中还记载周代已设专人管理园囿的事："囿人：中士四人，下士八人，府二人，胥八人，徒八十人。"从这个记载中我们可以看出，当时已经有了管理园囿事务和饲养鸟兽、鱼类的人员，并且有了园艺工匠。当时对园林的经营管理已经有了一定的制度。

《述异记》上记载，吴王夫差修筑姑苏台，三年才建成。园林建筑周旋诘曲，横亘五里，崇饰土木，殚耗人力不知多少。又在宫里修建海灵馆、馆娃宫、铜勾玉槛，建筑物上用珠玉来装饰。园林规模的宏大和建筑的华丽，可以想见。

秦始皇统一中国，在咸阳大兴土木，建筑了规模宏大的上林苑，在苑里修建了阿房宫，把宫殿和园林更加密切地结合在一起。汉武帝更扩大了上林苑的规模，园的周围达 300 多里，离宫 70 多所，又建甘泉苑，周围 500 多里，宫殿台阁 100 多所。开凿了巨大的昆明池和昆灵池。文献记载，"宫内聚土为山，十里九坡。种奇树，育麋鹿、麒麟，鸟兽百种。激上河水，铜龙吐水，铜仙人承水下注"。可知当时已有了人造假山和人工压水设施，园中的花木禽兽已经非常丰富了。除了封建帝王之外，当时的许多财主豪绅也大造园林。

汉以后园林更加发展起来，帝王宫苑和私家园林规模之大、数目之多，不可胜计。比较著名的如三国时候魏文帝的铜雀台，隋炀帝所营造西苑，唐代的禁苑、骊山华清宫等。宋徽宗所营万寿山艮岳，从政和到靖康（1111～1126年）经过了十多年的经营，楼台亭阁，假山叠石荟萃园内，把"四方的怪竹奇石悉聚于斯"，成了一处具有高度艺术价值的帝王宫苑。在建造这处精美园林的时候，宋代统治者对人民进行了非常残酷的剥削和压迫。这个万寿山艮岳在当时的首都东京（今河南开封），而堆叠假山用的山石却要从江苏太湖采取。高广几丈的大块太湖石，用大船载着，上千人拉船，沿途强迫老百姓为他们服役，供应食用。不但挖河拆桥，而且把塘堰水闸都拆毁了。这座园林的建成，不知凝聚了多少劳动人民的血和汗！

辽、金、元、明、清各代的统治者，在他们的首都（今北京）城里城外经营了许许多多的宫苑园林，今天还保存的北海、中南海、颐和园以及西山诸园就是这些朝代经营修缮的部分遗物。特别是清代所谓的康熙、乾隆盛世，

北京西郊的园林盛况空前，在几百平方公里以内楼阁连云，遮天蔽日。非常令人可恨的是北京西郊许多规模宏大的帝王宫苑和私家园林，在公元 1860 年英法联军入侵和 1900 年八国联军入侵的时候，被野蛮地烧毁劫掠了。

颐和园所处地点被封建帝王占作宫苑，是从 800 年前的金代开始的。金章宗曾经在这里建立行宫，是西山八院之一的"金水院"。颐和园主要由万寿山和昆明湖两大部分组成。万寿山金元以来曾有金山、瓮山等名称，昆明湖曾称作金水、瓮山泊、大湖泊、金海、西湖等。明代在瓮山上建圆静寺，园名好山园。

到了公元 1750 年，清代乾隆帝在圆静寺的基础上，修建了一个大报恩延寿寺为他的母亲

北京颐和园东侧建筑群

北京颐和园十七孔桥

北京颐和园万寿山西侧

北京颐和园知春亭

祝寿，才把瓮山改名万寿山。并且把金海大加疏浚，改名昆明湖，整个园林名叫清漪园。经过公元1860年美法侵略军的破坏，清漪园的木构建筑已荡然无存。公元1888年慈禧太后为了满足她的奢侈享乐生活，不顾国家的垂危和列强的侵略，挪用海军建设费和其他款项8000多万两，在清漪园的旧有基础上进行修复，改名颐和园。现存园林就是这次修复的。

颐和园的园林建筑，继承了我国古代园林艺术的传统特点和造园手法，并且有所发展。

颐和园园林布局的第一个特点就是以水取胜。广阔的昆明湖水面，是园林布置极好的基础。园的周围共有13里，全园面积4300多亩，其中陆地面积仅占1/4，在当时北京诸园中是水面最大的一个。因此，设计人抓住了水面大这一特点，以水面为主来设计布置。主要建筑和风景点都面临湖水，或是俯览湖面。当时取名"清漪园"，也就是清波满园的意思。

湖山结合，是颐和园的又一特点。位于辽阔的昆明湖北岸，有一座高达58米的万寿山，好像一座翠屏峙立在北面。清澈的湖水好像一面镜子，把万寿山映衬得分外秀丽。湖山景色密切结合成为一个整体。古代的造园艺术家和工匠们，在设计和建造这座园林的时候，充分利用了这一湖山相连的优越自然条件，适当地布置园林建筑和风景点。如抱山环湖的长廊和石栏，把湖和山明显地分清而又紧密地连接在一起。伸入湖中的知春亭，临湖映水的什景花窗，建造在湖边山麓的石舫等，都巧妙地把湖山结合在一起。

鲜明对比的手法，是颐和园园林布局的另一特点。我们在颐和园中，不仅可以看到有建筑壮丽、金碧辉煌的前山，还可以看到建筑隐蔽、风景幽静的后山；不仅可以俯览浩荡的昆明湖，还可以漫步怡静的苏州河（后湖）；不仅有建筑密集的东宫门，还有景物旷野的西堤和堤西区。处处有阴阳转换，时时有矛盾开展，才觉山穷水尽，忽又柳暗花明，游人心情随之抑扬顿挫。

颐和园中布置的许多风景点，处处景色都不相同。这些风景点，用亭、台、楼、阁、斋、堂、轩、馆以及曲槛回廊等建筑物和假山花木等分别不同的地位组合而成。值得注意的是这些风景点之间有明显的分隔，而又有有机的联系。从这个风景点看那个风景点，彼此构成一幅图画。当人们行走在长廊或是谐趣园的时候，走几步，周围的景色又有变化，这就是古代园林布置中所谓的"景随步转"。也就是风景点彼此之间互相转移变化的布置手法。

"借景"的造园技法，是我国古代造园工匠多年积累的经验，在颐和园的设计中得到了充分的运用。设计时不仅考虑到园里建筑和风景点互相配合借用，而且把四周的自然环境、附近的园林以及其他建筑物，也一并考虑在内。当我们转过仁寿殿来到昆明湖东岸的时候，西山的峰峦，西堤的烟柳，玉泉山的塔影，好像都结合在一起，也成了颐和园中的景色。这种不仅园里有景而且园外也有景的"借景"手法，使园的范围更加扩大，景物也更加丰富。

"园中有园"是颐和园设计布置园里风景时，继承传统、利用自然地形的很好例子。在颐和园万寿山东麓，原来就有一处地势较低、聚水成池的地方。造园工匠们就利用这一地形，布置了一处自成格局的"谐趣园"。当人们从

北京颐和园后山买卖街

北京颐和园鱼藻轩外望

北京颐和园西望

万寿山东麓的密集宫殿区或是从后山的弯曲山麓来到这里的时候，进入园门，好像又来到一处新的园林中，建筑气氛、风景面貌给人焕然一新的感觉。这种"园中有园"的设计布局增加了园林的变化，丰富了园林的内容。

颐和园水中布置岛屿，也是继承了我国2000多年前的传统手法。用长堤把湖面划分为几个区域，还在昆明湖中布置了凤凰墩、治镜阁、藻鉴堂等孤立湖心的岛屿，象征传说中的蓬莱、方丈、瀛洲的海上三神山。它的实际作用是打破广阔的昆明湖面的单调气氛，增加湖中的景色。

"集景模写"是我国古代园林设计中的一种传统手法，清代北京西郊诸园和承德避暑山庄，运用这个手法特别突出。在清漪园建造之初，就派出许多画师和工匠，到全国各地去参观和模写有名的风景和建筑物，把它们仿造在园里。颐和园中的景色，可说是汇集各地有名建筑和胜景而成。但是，设计人和造园工匠们绝非生搬照抄，而只是仿其风格而已。如谐趣园和无锡寄畅园神同形异，涵虚堂、景明楼也和黄鹤楼、岳阳楼完全不一样，园里的苏州街和江南苏州的市街更相去很远。这说明我国古代建筑工匠在参考借鉴的时候，绝不生搬硬套，很注意创新。

"虽由人作，宛自天开"，这是我国园林艺术和技巧中的又一传统经验。如颐和园后湖的风景，虽然是人工所造，但是宛如江南水乡一样。园中许多风景、林木，也力求达到宛如自然景色的效果。

北京颐和园谐趣园

北京颐和园西堤

北京颐和园后山苏州街

颐和园的布局，大体可以分作东宫门和东山、前山、后山、昆明湖几个部分。

第一，东宫门和东山区。颐和园原有水旱13门，主要入口是东宫门，其次是北宫门。因此在东宫门里布置了许多组重要的建筑物。一进东宫门是仁寿殿，清代的封建帝后们，夏天住在园中就在这里"听政"。在仁寿殿前陈设着雕刻精美的铜龙、铜鹤，院中山石挺秀。绕过仁寿殿，面临昆明湖，到了这里顿时心胸顿开，只见万寿山雄峙北岸，知春亭伸入湖中，昆明湖碧水连天，连西山景色都一概映入眼帘，可说是进颐和园的第一处壮观景色。

仁寿殿北面的德和园颐乐殿，是帝后群臣观剧之处。院中有大戏台，分上、中、下三层，

北京颐和园仁寿殿庭院

北京颐和园大戏楼

可同时演出。这个戏台建筑宏大，设计周密，是我国现存古代戏台中的重要遗物。自德和园往北是景福阁、乐农轩。由此下山往东，因地形布置了一个精美的小园"谐趣园"。上面说过，它是依照无锡有名的寄畅园建造的，以一个水池为中心，四周环绕布置了涵远堂、湛清轩、知春堂、瞩新楼等建筑，更有小桥、亭榭、游廊曲槛等，自成一个园林格局。到这里好像进入另一个园中，是一种"园中有园"的布局。

在仁寿殿之后，临水布置了乐寿堂、宜芸馆、夕佳楼、藕香榭等建筑。临湖石栏曲折，在临水墙壁上开了各式各样的什景漏窗，窗里晚间点上灯火，倒映水面，又增一番景色。

第二，前山区。前山是全园的中心，正中是一组巨大的建筑群，自山顶的智慧海而下是佛香阁、德辉殿、排云殿、排云门、云辉玉宇坊以达湖面，构成一条明显的中轴线。琉璃砖瓦的无梁殿（智慧海）和高达 41 米的佛香阁，气势雄伟，色彩鲜丽。

在这组中轴线的两旁，布置了许多陪衬的建筑物，东边以转轮藏为中心，西边以宝云阁（铜亭）为中心，顺山势而下，按地形而建筑，并有许多大型的假山隧洞，上下穿行，人行其中别觉清凉幽邃。人们登上佛香阁或智慧海，回首下望，只见山下一片金黄色的琉璃瓦顶殿宇，金光灿烂；昆明湖水宽广异常，波光云影上下流动辉映。南湖中的十七孔桥，横卧波心，

北京颐和园智慧海

西堤六桥伏压水面,远望西山如黛。在雨后晴天,连北京城里的白塔、景山以及八里庄慈寿寺塔,广安门外天宁寺塔都齐集眼底,构成一幅宏阔的图画。

前山的东西两面,随山势上下,布置了许多点景建筑物。东有重翠亭、千峰彩翠、意在云迟、无尽意、写秋轩、含新亭、养云轩等,西边有邵窝、云松巢、山色湖光共一楼、湖山真意、画中游、听鹂馆、延清赏楼、小有天、清宴舫(石舫)、澄怀堂、迎旭楼等。这些建筑的形式多样,色彩丰富,各抱地势,相互争辉。但是更加壮丽的是前山脚下环湖一抹 276 间的长廊,自东迤西,全长 755 米,它依山带水,好像万寿山的一条项链。

北京颐和园十七孔桥

北京颐和园湖光山色共一楼与听鹂馆

北京颐和园后山苏州街

北京颐和园须弥灵境

第三，后山区。后山以曲折幽静著称。山路在山腰盘绕，路旁古松丫槎，有如图画。山脚是一条曲折的苏州河（也称后湖），时而山穷水尽，忽又柳暗花明，真有江南风景的意味。

在后山的正中，原来有一组仿西藏式的庙宇建筑，叫"须弥灵境"，也称后大庙，主要建筑已被帝国主义侵略军焚毁，现在只存残迹。后山东部林木葱郁。山腰有一座多宝琉璃塔，突兀半山，原来和花承阁是一组建筑，其他建筑已被侵略军所毁，由于它是砖石琉璃所建，才幸存了下来。

后山山下是幽静的苏州河，自清琴峡起，向西到北宫门一带，都是土山林木。再自北宫门往西，沿着苏州河两岸，原来建有苏州街、买卖街，古时茶楼酒肆，以至古玩商店，无不具备。这些临河街市，已为侵略军所毁，只有一些遗迹可寻了。

此外，在后山还有清河轩、赅春园、留云、南虚轩、会芳堂、停霭、绮望轩、贝阙、寅辉等建筑，点缀山间，相互呼应。

第四，昆明湖区。颐和园的北部万寿山耸立如翠屏，各种建筑物和风景点布满其间，而南部却是碧波粼粼的昆明湖。湖中有几处岛屿

北京颐和园后山

浮现水面，又以长堤、石桥加以联系。西堤六桥是依照杭州西湖中的苏堤修筑的，垂杨拂水，碧柳含烟，人们漫步堤上，胸襟倍觉轻松舒畅。

在西堤两端有两座洁白石拱桥，俗称罗锅桥，它们是昆明湖的出入水口。北头的入水桥叫玉带桥，南面的出水桥叫绣漪桥。桥面陡峭，桥拱高耸，洁白石桥映衬着碧柳垂杨，分外明媚。

在堤西的昆明湖心，有一个湖中岛屿，因为上面有一座龙王庙，所以俗称龙王庙岛。上有龙王庙和月波楼、鉴远堂、涵虚堂等建筑群。涵虚堂（已毁）仿武昌黄鹤楼修建。龙王庙之东有一座雄伟的十七孔石桥，从岛上通向湖岸，桥长150米，宽8米，是仿照有名的卢沟桥建造的。

桥东头岸上有一座铜牛守望湖心，和长桥、岛屿、廓如亭等共同构成一幅绮丽的景色。

颐和园这座规模宏大、建筑精美的园林，体现了我国古代造园技术的光辉传统，表现了我国古代劳动人民的高度智慧和创造才能。但是它在过去却被封建统治阶级所霸占，特别是重建之后，更为祸国殃民的慈禧所独霸。

颐和园还是100多年来帝国主义侵略罪行的见证。园中处处留下了侵略军烧毁破坏的痕迹。特别是万寿山后山和后湖，到处残垣断壁，许多建筑现在只留下了基址。

新中国成立后，劳动人民创造的颐和园，终于回到了人民的手里，颐和园成了全国各族人民游览的胜地。来北京访问的国际友人，也必来这里游览。

北京颐和园西堤

北京颐和园玉带桥

北京颐和园涵虚堂北侧

颐和园的园林艺术，有很高的成就。但是，它毕竟是封建剥削社会的产物，就是在成功的艺术手法上也还包含了不少封建迷信的糟粕。我们必须以"古为今用"的原则，取其精华，去其糟粕，使这座古典园林能在今后新的园林设计和造园艺术上有所借鉴，推陈出新。

（摘自 1978 年中国青年出版社《中国古代科技成就》）

北京颐和园清晏舫

古建筑迁地重建的创举

——记中南海云绘楼·清音阁的搬迁重建

"古建筑迁地重建的创举"是郑振铎局长在云绘楼·清音阁从中南海搬迁到陶然亭竣工之后所写的碑记中提出的。的确，新中国成立之后的第一任文物局长郑振铎，在文化保护、利用中国特色理念、具体措施、宣传普及、科研等方面都作出了重大的贡献，许多都是开创性的，云绘楼·清音阁的迁地重建只是其中之一，其他如1953年的团城衍祥门的复原重建，1952年的长城修复、赵州桥抢险修缮，1951年建立文物保护直拨经费等，都是"创举"。在他诞辰110周年和为国献身50周年之际我检阅旧资料和回忆，特将我亲身经历、亲眼所见或亲耳所闻的事附以实物图片简记写出，以作纪念，并作为新中国文物发展史上之史事资料留供参考。

郑振铎局长对云绘楼·清音阁这一古建筑搬迁工程非常重视，特意把我叫到他的办公室里传达了周总理找他和梁思成先生商议的情况。首先对能否搬迁和搬到何处，进行了研究。梁思成说：中国的木构古建筑梁柱、斗栱、门窗都是标准化的尺寸，榫卯接头都是活动的，拆卸很容易，他还打了一个比喻，中国木构建筑好像小孩子搭积木一样，拆了又可以再搭起来。这是中国古建筑木构的最大优点和特点。但是

拆卸安装，务必要小心，千万不能把构件弄乱了，弄坏了，不然重建不起来。

关于重建的地点，郑局长说，他的意见是搬迁到南郊的陶然亭，这里地形和环境都很优美，地面空旷，有选址余地。那里还曾经是文人雅士、革命进步人士集会之地，有文化气氛。那里现在甚是荒凉，云绘楼·清音阁搬到那里可以为群众增加游览内容。周总理听完我们的意见后，认为既可以搬迁，又有了很好的地方，就把这件事定了下来，并指示由我们文物局来进行这一工作。

郑振铎局长在传达了这一情况后，便对我说这件事就交给你来办，并说一定要把它办好。时在1953的冬初之际。于是我马上到北京文物整理委员会（现中国文化遗产研究院前身），找到了马衡主任商议，派了有古建设计施工经验的于云工程师和技术员陈继宗、李良姣同志。由我负责和他们一起到中南海首先对云绘楼·清音阁进行详细的测绘和摄影。按照梁思成先生的意见，对每个梁、柱、檩、枋、斗栱等构件都进行了编号登记，并对建筑内外和环境进行了摄影，整个工作包括室内设计绘图，共花了两个多月的时间，已时入寒冬，无法施工，等到来年（1954年）才开始施工。

这里还要提到的是，在设计过程中也出现了一些带原则性的问题，也都请示了郑振铎局长，其中如关于在解放以前已被改变了原装的方格玻璃门窗的问题，是按现状玻璃方格门窗，还是恢复原状。郑振铎局长明确表示后期的方格玻璃门窗不是原状是破坏性的，对文物来说不仅没有价值，而且是对古建筑的伤害，要按乾隆时期的原装恢复。于是我们便找了故宫和中南海内乾隆时期的门窗样式加以设计恢复。

为了保证施工质量和出入中南海的需要，当时特选择指定由北京市建设局来施工。在整个搬迁修复重建过程中，文整会的工程技术人员都一直参加了工作，我关键时刻去一下，陈继宗同志作为"监工"一直在工地进行监督和指导。

1954年云绘楼·清音阁的搬迁重建工程竣工验收之后，郑振铎局长专门写了一块碑记，自己拟文自己书写，现在还保存在陶然亭的云绘楼内，文曰：

云绘楼·清音阁，建筑于清乾隆年间（公元18世纪）。原在南海东岸，今移建于此。这是古建筑迁地重建之创举。测量设计者北京文物整理委员会。施工者，北京市建设局。全部保存原来形式及装饰。

一九五四年十一月八日
郑振铎记

云绘楼·清音阁是明清两苑（中南海）中的一处重要园林景点建筑，位于南海之东岸，楼与阁相连，构成一个小型建筑组合体，极具特色。据《日下旧闻考》记载："云绘楼三层，北向。联曰：道堪因契真佳矣；画岂能工有是夫。又曰：众皱峰如能变化；太空云与作浮沉。清音阁联曰：商工之外有神解；律吕以来无是

过。阁上下与云绘楼相同，有门曰：'印月'，门外东南则船坞也。"

云绘楼·清音阁位于临水岸边，又是观景与听音之所，乾隆皇帝常来此游赏，并赋诗以记其胜。乾隆二十五年御制云绘楼诗云："棣通景物斗韶妍，又见鱼鳞皱远天；水墨丹青争献技，东皇宁许一家专。"二十六年又有《韵磬居》诗云："风水相吞吐，磬声出碧鳞；自成宫与角，底辨主和宾。近似彭蠡口，居然泗水滨，东坡笑李渤，盖是特欺人。"可见乾隆对这一园林景观之重视。

经过精心选址，云绘楼·清音阁迁建于陶然亭公园慈悲庵西面原武家窑的旧址上、现在陶然亭公园葫芦岛的西南，与陶然亭隔水相望，景色极佳。云绘楼坐西向东，清音阁坐南向北。楼北有室曰"韵磬"，也即是乾隆《韵磬居》诗之所在。楼与阁之间有门曰"印月"，与《日下旧闻考》所记一致。为了与这里的环境相协调，在设计的时候，也根据郑振铎局长的意见，在梁思成先生的指点下，把它规划成一个游廊相通、假山陪衬、花草树木相辉映之处，为陶然亭公园增添了一处具有丰富历史文化内涵的古典园林景点。

古建筑属于不可移动的文物，原则上是就地保存不能搬迁的。在郑振铎1953年的报告中已将古建筑列为不可移动的文物之列。但是在不得已的情况下，搬迁他处，异地保存，也是文物保护的一种重要方式。这种方式在国外已有很多，如日本的明治村、民家园，埃及阿斯旺水库中的帝王谷、神庙等。在我国，重大异地保护搬迁过程也有很多，如20世纪50年代也是郑振铎局长亲自安排的三门峡水库永乐宫搬迁工程，他于1958年还最后一次为《永乐宫壁画》一书写了序。20世纪80年代为了抢救在原地难以保护的古民居，安徽文化文物部门将明清民居搬迁到潜口集中保存，已列入全国重

点文物保护单位并已建立了民居博物馆。浙江龙游也将在原地难以保存的古民居搬迁保存于龙游民居文化园。在最近几年里，由于三峡水库的淹没，重庆的张飞庙、湖北的江渎庙等搬迁保护工程已先后竣工。

云绘楼·清音阁按照文物古建筑保护的原则，按原状、原结构、原材料、原工艺技术搬迁复原重建的工程不仅在新中国也就在历史上也是绝无仅有的，郑振铎把它称之为"创举"是符合实际的。

北京香山静宜园

香山是一座茂密而又有丰富文化内涵的公园，位于北京西郊西山东麓。距市区 20 多公里，总面积 2300 多亩。关于香山的名称，据金代李晏《香山记略》说："西山苍苍，上干云霄，重冈叠翠，来朝皇阙，中有古道场曰香山，相传山有二大石，状如香炉，原名香炉山，后人省称香山。"这里三面环山，层峦叠嶂，清泉流水，树木成荫，景色清幽，故金、元、明、清历代帝王都在此营建离宫别院，为各朝皇家游幸驻跸之处。清乾隆十年（1745 年）在此大举土木，兴建亭台楼阁，共成二十八景，并加筑虎皮围墙，名"静宜园"。

静宜园曾是北京四大名园之一，这座园林，先后于 1860 年和 1900 年分别遭到英法联军和八国联军的野蛮破坏，其大部分建筑被毁。现经过修整，尚有不少胜迹值得游览。

从东宫门（北门）入园，走过一条不长的甬道，可见两泓平静的湖水由一座白石拱桥相联，湖名"眼镜湖"。右侧湖畔，依山叠石为洞，洞口上端流泉直下，又似瀑布高垂，珠帘悬挂，此景名"水帘洞"。

循路西南，过山涧石桥，密林深处隐现出一组小建筑群——见心斋，它建于明代嘉靖年间（1522～1566 年），后多次修葺，是一处富有江南情趣的小型庭院，是"园中之园"。斋坐西朝东，院中心有个半圆形小池，泉水由石

凿的龙口中源源注入池内。池的东、南、北三面筑有半圆形回廊，西面连接三个轩榭。轩榭背山临水，形制小巧，西、南两侧叠有怪石嶙峋的假山，山石被青苔地衣覆盖，藤萝攀接其上，古意盎然。拾级而上，有正凝堂居高临下，环境清幽。院内有静宜园原貌图和碧云寺部分石碑文拓片展览。

出见心斋，过小桥迤逦南行，就是"昭庙"，全称是"宗镜大昭之庙"。这是乾隆四十五年（1780 年），西藏班禅五世到北京"祝厘"（祈福），乾隆为接待他而特地建造的藏式建筑，正如昭庙内乾隆御笔碑文所载："即建须弥福寿之庙于热河，复建昭庙于香山之静宜园，以班禅远来祝愿之诚可嘉，且以示我中华之兴黄教也。"庙坐西朝东，东面是彩色琉璃砖瓦和汉白玉制成的大牌坊，东面额曰"法源演庆"，西面额曰"慧照腾辉"，上有云龙纹组成的精美图案。牌坊前有一块方池，池上有一座虹桥。前殿三间，内为白台，绕东、南、北三面上下，共四层。后为红台，四周上下亦四层，是昭庙的主体。在清净法智殿前，有一八角重檐碑亭，碑刻建庙缘由。据说原来的楼殿，大都上覆镏金瓦顶，后均被毁。庙西山腰处，耸立一座七级浮屠——七层八角密檐式琉璃塔，与昭庙建于同时，是两次遭劫后仅存的建筑之一。塔顶安放着琉璃宝瓶，塔底有八面张开的伞形瓦顶承托，周围

北京香山静宜园见心斋知鱼亭

北京香山静宜园见心斋

饰有汉白玉雕栏，别具风格。七层八角檐顶都缀有铜铃，在幽静的山林中，每当微风吹来，铃声叮当作响，清脆悦耳。

从琉璃塔上行，经芙蓉坪、玉华山庄等处，可到"西山晴雪"碑所在地。这是当年著名的"燕京八景"之一，最早是金章宗起名为"西山积雪"，乾隆改称为"西山晴雪"。

再往上就是香山的最高峰——香炉峰，俗称"鬼见愁"。所谓鬼见愁，是指主峰两侧的深涧，地势险峻，鬼见亦愁。其实峰并不高，海拔只有557米，然而登上峰巅，能饱览各处景色，令人心胸开阔。除秋、冬两季，香山在一年中的大部分时间里，都是满眼青翠。所以明代孙丕扬有诗："人传宝地紫光收，天宇香山翠色浮。"袁宏道也有诗："真人天眼自超伦，翠色香山此语真。"可见香山之美不在"香"

北京香山静宜园昭庙

后山巅楼宇上下各六楹。正殿门外有"听法松"，古老苍劲，望似听法，故名。寺前还有祭星台、护驾松，后者为金章宗在此游玩失足，得松护获救，遂封名。昔人有诗云："寺入香山古道斜，琳宫一半白云遮。四廊小院流春水，万壑千崖种杏花。"

再往前行就是有名的"双清别墅"。在别墅的南山坡上，还留有当年乾隆御笔书写的"双清"二字，笔力遒劲，至今无损。"双清"之名，得自金章宗"梦感泉"。相传他来香山游玩，因登山劳累，在这里小寐，梦见身子下面波涛翻滚，惊醒后叫人掘地，果然挖出一股清泉。1917年，河北督办熊希龄在此修建别墅，因以为名。别墅淡雅幽静，山水树石顺其自然。清泉汇聚一池，池边有亭，亭后有屋，屋旁有竹，竹影扶疏，因材借景，秀丽非凡。

香山静宜园的正门南向，为清帝来园听政处。进门有宫门五间，正中门上悬"静宜园"三字匾额。入门后即为行宫之庭院，主殿为勤政殿，为乾隆来此上朝之所，表示他在游览之际也要勤于政务，可惜的是这一宫殿园区在英法联军和八国联军侵略中两次惨遭破坏，彻底焚毁。考察历史，历代帝王莫不把自己的宫殿或行宫别苑中的宫殿名之为"勤政"，以为务本之名，而且影响至有关国家，如韩国现存的古代宫殿中还有勤政殿、勤政门。而我国现在宫殿中已无勤政殿存在了。为了展现香山静宜园的重要古建筑景点，香山公园和园林、文物主管部门经过周密考察、精心设计、专家论证、依法批准、精心施工，复建了被侵略者焚毁的香山静宜园主要建筑勤政殿，重现了这一宫殿的原真辉煌面貌。殿内还按照历史原状恢复了乾隆皇帝曾经在此上朝的宝座与仪仗陈设。殿内正中悬挂的一块"与和气游"的匾额，也显示了自然与人之间和谐相处的思想。

而在"翠"。在此远眺，只见周遭群山起伏，悬崖陡峭，林木苍翠，涌泉溪流，千姿百态，争奇斗巧，各式建筑依山构筑，高低错落，自然和谐。东望昆明湖，碧波如镜，玉泉宝塔，照日呈奇。南望永定河，卢沟桥隐约可见。天气晴朗时，还能望见北京古城雄姿。现在缆车从北门入口直到香炉峰峰顶。

从峰顶下来转向南行，可到达朝阳洞附近的"森玉笏"。这里悬崖壁立数十仞，石缝中伸出许多杂树，颇有奇趣，而冬天下雪的时候，崖石周围积雪如玉笏，因此得名。再往前行，便是香山寺的遗址。原寺建于金大定二十六年（1186年），金世宗赐名"大永安寺"，亦名甘露寺。元皇庆元年（1312年）重修。明代正统年间（1436～1449年），太监范弘奉旨展拓，所以当时的《帝京景物略》说："京师天下之观，香山寺当其首游也"。清乾隆十年（1745年）修葺扩建并以名寺，改名香山寺。寺前方有方池"知乐濠"，上有石桥。寺院碧瓦红墙，掩映在苍松翠柏之间。前建坊楔，山门东向，南北为钟鼓楼，上为戒坛，内正殿七楹，殿后有厅宇，名"眼界宽"。又后为六方楼三层，再

北京圆明园

圆明园位于北京西郊海淀区以北，由于这一带泉水充沛，又有西湖、玉泉山和西山等名胜，早在明代就分布着许多官宦和文人的私家园林，其中有李伟的清华园和米万钟的勺园。康熙二十九年（1690 年）利用原来清华园的一部分建成畅春园，成为清代兴建苑囿的滥觞。当然，

圆明园四十景图之一

北京圆明园西洋楼遗址

康熙几乎每年都有大部分时间住在园里，开创清代皇帝园居的习惯。据《日下旧闻考》所记，康熙于四十八年建圆明园，赐给皇四子胤禛（即后来的雍正皇帝）。因为它是赐园，规模比康熙居住的畅春园要小，大体范围可能是前湖和后湖及其周围一带。康熙死后，雍正把自己的赐园扩建为离宫，在南海建成宫廷区，作为他园居时听政的地方，同时在东、西、北三面往外延伸拓展。乾隆时，再一次扩建圆明园，并在它的东面建成长春园，东南面建成绮春园（即后来的万春园），三园统称为圆明园，面积总计约5000多亩，这三个园都是在平地上建成的以水景为主的自然山水园，集南北园林艺术之

大成，成为当时闻名世界的东方名园。园虽已被侵略者焚毁，但历史上遗留下来不少有关圆明园的咏景诗文和记载和样式雷所做的烫样（即模型），图样和清内务府有关重修工程的档案资料也都完整，利用这些资料，结合现存的遗址，我们可以弄清当年圆明园的大致状况。

圆明园由三个独立的园组成，各园有自己的宫门和殿堂。全园利用原有的沼泽池，挖河堆山，形成河流潆洄、堤岛相望、园中有园、景景相套的布局，颇有江南水乡的景观特色，洲岛之上分布着大大小小的建筑群和亭台楼阁，个体建筑的形象千变万化，出现了万字形、田字形、书卷形等以往不多见的平面形式，百余

组建筑群的组合无一雷同。这些建筑群往往成为景点的中心，各景点之间以人工的堆山和林木相阻隔，各有独立的景区空间。乾隆时，根据景点所形成的景观特色，定出有代表性的四十景，并配有御制咏诗四十首。

圆明园四十景分别是：

正大光明、勤政亲贤、九州清晏、镂月开云、天然图画、碧桐书院、慈云普护、上下天光、杏花春馆、坦坦荡荡、茹古涵今、长春仙馆、万方安和、武陵春色、山高水长、月地云居、鸿慈永祜、汇芳书院、日天琳宇、澹泊宁静、映水兰香、水木明瑟、濂溪乐处、多稼如云、鱼跃鸢飞、北远山村、西峰秀色、四宜书屋、方壶胜景、澡身浴德、平湖秋月、蓬岛瑶台、接秀山房、别有洞天、夹镜鸣琴、涵虚朗鉴、廓然大公、坐石临流、曲院风荷、洞天深处。

圆明园三园共有风景点 148 处，这些设计完美精巧、营建技艺高超的亭台楼阁、轩宇廊榭的建造，不仅继承发展了祖国的传统园林建筑艺术，浓缩积聚了全国各地南北名园的美景胜景，而且还包容了西洋建筑艺术的特色风格，使得全园的布局灵活，形式多变，高度体现了我国园林的建筑艺术水平。

圆明园四十景图之一

钓鱼台

　　钓鱼台位于北京海淀区玉渊潭东面，现为国宾馆。钓鱼台历史悠久，距今有 800 年历史，《日下旧闻考》一书中记载："钓鱼台，在三里河西北岸三里许，乃大金旧迹也，台下有泉，涌出为池，其水至冬不竭。"清代皇家园林是我国古代造园的最后高峰，乾隆盛期，由于其经常住在圆明园、颐和园和玉泉山，每逢临朝或到天坛等地祭祀，中途均需一处休息（住跸）的地方，于是便以整治西部水利为由，修建了钓鱼台行宫。钓鱼台行宫修建了 5 年，用银近 6 万两，乾隆四十三年（1778 年）12 月 23 日全部告竣。钓鱼台行宫仿江南各园制式，坐北朝南，周围围以虎皮石大墙，行宫水系与玉渊潭相通。行宫处于北京城内宫苑与西郊园苑的中间位置，填补了两地的空旷，完成了清代城郊皇家园林的全面布局。

　　钓鱼台自建成后，多次对殿宇、房屋、亭台、楼阁进行修缮，对湖池、河道、涵闸等水利工程进行整治，保持了近百年的辉煌。然而自清道光皇帝以后，特别是鸦片战争以后，清王朝国势衰败，圆明园被焚，钓鱼台的修缮也无人顾及，到光绪年间已是玉殿荒芜、遍铺草蔓的荒凉景象。宣统时，皇帝将此园赐给了他的老师陈宝琛，并作了小规模修缮。北平解放前夕，钓鱼台曾为傅作义别墅。这一名园百余年里，虽然几经兴废，饱经沧桑，但仍比较完整得以保存，甚是难得。

　　北京园林人造的山水景物较多，而钓鱼台却以水取胜，以自然林木取胜，连沙禽水鸟也都是翔集而来的野生动物。钓鱼台行宫的园林布局主要分为两个景区，即钓鱼台景区和行宫景区。

　　钓鱼台景区，是这一风景名胜园林的发源地，自金代以来的风景园地，就是依托它发展起来的。当初可能即是水边的土石台子，垂柳拂水，芳草萋萋，游鱼出没，是一处天造地设的坐歇垂钓之处。钓鱼台位于玉渊潭的东岸，广阔的水面与之构成了空旷的自然景色。现存的钓鱼台为青灰砖石砌筑的高大台座，台下以白石条两层为基，上砌以砖体；台顶四周，复用白石砌垛口，有如城台之状。城台坐东向西，西面辟砖拱券门三道，台子东南正门上，有石横额一方，刻乾隆御笔"钓鱼台"三个大字。登台内的道路别出心裁，自中门进入后甬道形成一个小天井，然后从旁边一部石阶登上台顶。台子东面正门上，有石横额一方，刻乾隆草书乐府诗一首，记述他在这里拓湖疏河治水的事迹。城台之上，建单檐歇山顶，三开间带周回廊的楼阁式建筑一座。此楼即乾隆三十九年开始行宫修建之大楼，又称作望海楼。此楼在新中国成立前已早毁，1998 年才按原状予以修复。当人们登上城台举目四望的时候，西面是广阔

北京钓鱼台门楼

北京钓鱼台庭院

北京钓鱼台回廊

的玉渊潭湖水涟漪，清风扑面，不禁心旷神怡，台的东面则是绕石清溪泛流，小桥流水、游廊环绕、堤岸曲折，再东便是行宫了。

行宫景区。钓鱼台行宫位于钓鱼台之东，自成一个区域，其间以曲折溪流，广窄相间的水面、小桥、廊榭等相隔相连，两个景区既分隔又有密切的联系。经乾隆三十九年整治钓鱼台水系和修建行宫之后，钓鱼台城阁（即城台和大楼）实际上已成了标志性的纪念性建筑，并非钓鱼之处，只是有时来此登台望湖而已，而真正的钓鱼游乐活动，则是行宫之内。行宫为一组四合院式园林式建筑，布局灵活，四周有虎皮石宫墙围抱，据原来记载：宫墙周里许，下有水闸，以通玉渊潭流过的湖水。这就使宫内的水池、河道水源成了活水，保证了园林水景的清洁。行宫园门东向，主要建筑坐北朝南。门前有一座白石小桥，桥下流水淙淙。园门为垂花门式，门上悬"同乐园"三字匾额。入园

之后，为一个小巧雅淡的庭院，院内古木参天，环境幽雅。正殿题"养源斋"匾额，坐北朝南，面宽五间前檐廊，单檐歇山顶。南面叠石为山，山石玲珑秀丽，具江南园林风格，山石面积虽小，都以小中见大，气势磅礴。养源斋之北，为潇碧轩，是一座敞厅式建筑，厅前有一水池，池水清清，波光粼粼，为清代帝王后妃们钓鱼游乐之所。行宫的景区景点与其他皇家园林相比起来，相对很少，但也独具特色。在这一景区西北土石假山的高阜上，有一座名澄漪亭的重檐方亭，建于土山之上，点缀简单的假山石梯，环境甚是协调。一处名清露堂的园门，门前小桥流水与围墙上各种形式的漏窗相互辉映，古木森森，环境十分幽静。现在钓鱼台具有特殊景观之处，要算是台阁与行宫旁边的一片水网河湖景区了，曲折的河湖水岸，贴水的平桥，游廊弯曲，荷花出水，草木幽深，反映了这一行宫御苑的造园艺术特色。

北京钓鱼台庭院

南苑团河行宫

南苑团河行宫位于北京市大兴区东侧，建于清乾隆四十二年（1777年），占地约400亩。团河行宫内分东湖、西湖两个景区，行宫之内"泉源畅达，清流溶漾，水汇而为湖，土积而为山，利用即宜，登览尤胜"。

大兴区南苑地区自金代即有宫室建筑，金章宗（1190～1208年）即在此修建了行宫，称之为建春宫，每年春天金章宗都要到这里进行捕猎鹅雁和网鱼活动。明代又在此修建了旧衙门提督官署，并按二十四节气修建了二十四园，

改为行宫。清乾隆年间在南苑西南隅修建了团河行宫，成为清代诸帝在南苑游猎和处理政务的重要场所。在明清时期大兴区南苑地区共有行宫四座：旧衙行宫、新衙行宫、南红门行宫和团河行宫。由于历年战火和八国联军的洗劫，现四座行宫只有团河行宫仅存，其余三座仅有区区遗址可寻。

现团河行宫保存尚好，东湖小岛之上的翠润轩保存完好，居间可环观东湖景色，湖岸叠石保持原样，苍松古柏掩映其间，给人以清新

北京团河行宫景区

北京团河行宫碑楼

自然的感觉。御碑亭内置有乾隆皇帝手书御碑一座，坐落于西湖西北角，碑文内有乾隆皇帝赞美行宫美色的诗篇。团河行宫还有浮云亭和轿厅保存完好，分别置于西湖的南面和西面。

原团河行宫内共有亭六座，现仅存两座，六座亭中最著名的为镜虹亭，为六角形，建于团河行宫北部山顶，登临揽胜，行宫美景可尽收眼底；可惜现仅存遗址。狎鸥舫位于团河行宫西岸，是一所船形建筑，有宫殿五楹，团河行宫湖面上水鸟翔集，乾隆皇帝即景寓名"狎鸥舫"。狎鸥舫有石阶与水面相通，可由此乘船湖中泛舟，可惜此建筑已毁无存。漪鉴轩位于东西二湖之间，有殿堂五楹，西出抱厦三楹，有游廊与东湖南岸涵道斋相连。漪鉴轩为乾隆皇帝效仿前贤，"以古为鉴可知兴替；以人为

鉴可明得失"而得名，现建筑遗址有存。另外在东、西湖两处，仍有数座亭、轩、榭遗址基座。在西北部山上有归岫遗址和龙王庙遗址，建筑则已毁，但古柏数株依然繁茂。

南苑行宫为王朝御猎场、三代皇家苑囿，从明清的皇家宫苑布局上来看，南苑行宫亦为京城南部唯一的皇家宫苑和行宫，因此它有着特殊的位置，其主要功用为行围、临憩、大阅。一些重要的皇室活动，也安排在此。

南苑团河行宫，融南北造园艺术于一身，为清王朝在南苑地区四座行宫中最豪华的一座，集宫苑之豪华和田野之野趣于一身，具有独特的审美价值。现南苑行宫已对外开放，可参观游览。

北京恭王府花园

恭王府坐落于北京著名的风景区什刹海柳荫街，它是北京现存最完整的典型清代王府。它的前半部分是富丽堂皇的府邸，后半部分则是精美优雅的恭王府花园。

恭王府初为乾隆年间大学士和珅之私宅，约建于乾隆四十一年至五十一年（1777～1787年）之间，至今已有两百余年的历史。嘉庆四年，和珅因罪被赐死，府第入宫，嘉庆帝将其第宅的一部分赐给其弟庆僖亲王永璘（乾隆十七子），为庆王府。咸丰元年（1851年），咸丰帝将庆王府收回，转赐其弟恭亲王奕䜣，称恭王府至今。咸丰、同治时曾经整修，并在府后添建花园，但总体布局大体上还保持乾隆晚期规模和形制。

北京恭王府花园前院

恭王府分府邸和花园两部分。府邸占地46.5亩,分中、东、西三路,由三条轴线贯穿的多进四合院组成。中路前部是面阔三间的大门和面阔五间的二门,门里原有正殿银安殿,已毁,现存后殿,即嘉乐堂。东路由三进四合院组成,采用小五架梁式,是古代建筑风格。西路正房为锡晋斋,院宇宏大,廊庑周接,气派非凡。在三路院落之后,环抱着东西长160米的40余间两层后罩楼,东边名瞻霁楼,西边名宝约楼。楼后即花园——萃锦园,俗称恭王府花园。花园与府邸仅一夹道相隔。

恭王府花园南北长150余米,东西宽180余米,占地面积近2.8万平方米,主要建筑5000平方米,风格融江南造园艺术与北方建筑格局于一体,汇西洋建筑及中国古典园林风格于一身,置山石林木,彩画斑斓绚丽,这别致优雅的园林,恭亲王题为"萃锦园"。

恭王府花园分布着众多的曲廊亭榭、叠石假山,20余处风景小区掩映在繁花茂树之间。全园分成中、东、西三路。入口在园的正南,拱券门上饰西洋雕花。其东、西各有一山,东曰"垂青樾",西曰"翠云岭",皆以云片石叠就,虽不高,却峰峦起伏、奔趋有势。中路

有三进院落组成。入园为一前导小空间,迎面"飞来石"矗立,"两边翠屏对峙,一径中分",名曰"曲径通幽"。飞来石后是第一进院落,为三合院。正面高堂五间,名"安善堂"。堂两侧出廊,通向东、西两厢,东厢曰"明道堂",西厢曰"棣华轩"。堂前有水池,水清清,荷婷婷,状如蝙蝠翩飞,故名"蝠池"。院西有小径通"榆关",东侧北山脚下有亭翼然,名为"沁秋亭",亭内有流杯渠,仿古人曲水流觞之意。安善堂后是第二进院落,为四合院。院心有水池,上理湖石假山,山石系明式叠法,鬼形怪态,洞穴潜藏,山下有石洞曰"秘云",内嵌康熙手书"福"字碑一块。山上建盝顶敞厅"绿天小隐",其前平台称"邀月台"。厅两侧筑爬山廊,通向东西两厢。廊下东西各有一门,分别通向东西两路。院的西厢名为"韵花簃"。山石后为第三进院落,内有一厅,落于终止轴线上,正厅五间,硬山卷棚顶,前后各出三间歇山顶抱厦。正顶相交处为硬山顶,平面形若蝙蝠,故称"蝠(福)厅"。

园东路一进院落有垂花门小院,院内"千百竿翠竹遮映",东有房一排八间,皆卷棚硬山顶,靠南三间称"香雪坞",西房三间,即明道堂的后卷,垂花门院东有月洞门小院,为"吟香醉月"之馆。北为著名的大戏楼,三卷勾连搭全封闭的建筑结构,面积为685平方米,朱漆雕花隔扇门,厅内装饰的彩画清新华丽,缠枝藤萝与盛开的紫花连成一片,使人有在藤萝架下看戏之感。

园西路为湖水区,南端有城墙一段名"榆关",与翠云岭相接。榆关之北为湖池,水面开阔,波光涟涟。湖心建有敞厅,名"观鱼台"。

由于恭王府及其花园设计富丽堂皇,斋室轩院曲折变幻,风景幽深秀丽,因此,它一向被传称为《红楼梦》中的荣国府及大观园,恭王府及其花园现成为全国重点保护单位。

北京恭王府花园榆关

北京恭王府花园观鱼台

北京恭王府花园

北京恭王府花园院落

承德热河行宫

　　避暑山庄也叫热河行宫或承德离宫，始建于康熙年间，是清王朝历代皇帝避暑和从事各种政治活动的地方，是我国现存最大的皇家园林。现在已成为人民群众游览休息的公园，是我国北方难得的自然风景区，它以琳琅满目的名胜古迹吸引着无数的中外旅游者。1994 年，它被联合国教科文组织列为世界文化遗产之一。

　　山庄 1703 年（康熙四十二年）开始建造，至 1708 年（康熙四十七年）初步建成。乾隆（即弘历）统治时期又进行了大规模的改造和扩建，先后经过 80 多年，直到 1790 年（乾隆五十五年）才最后完成主要工程。至今已经有 290 多年的历史。

　　1711 年（康熙五十年），康熙以四字题名"烟波致爽"等三十六景，清代冷枚的《避暑山庄图》描绘的大体上就是这个时期的情况。1754 年（乾隆十九年），乾隆又以三字题名"丽正门"等三十六景，即通常所说的"乾隆三十六景"，连同康熙题名的三十六景合称"七十二景"。清代画家钱维城绘《避暑山庄图》，就是山庄主要工程全部完成以后的极盛时期景况。

　　避暑山庄在康乾时代，有着相当重要的政治意义。它初步建成之后，康熙几乎每年都有半年的时间住在承德。他的儿子胤禛（雍正）执政时没有来过。他的孙子弘历及后来的永琰（嘉庆），几乎每年都来此避暑、处理政务。他们一般是五月来，九十月返回北京；每次来承德，都带领大批军队围猎比武，同时指令蒙古王公贵族轮班陪同打猎。山庄内还设有赛马场，经常组织摔跤、骑射等蒙古族喜爱的活动。关于边疆的许多重大问题，都曾在此进行处理。据记载，当时我国漠南、漠北、青海、新疆（包括巴尔喀什湖以东以南广大地区）的蒙古族、维吾尔族、哈萨克族、柯尔克孜族和西藏、四川等地的藏族以及台湾的高山族等边远地区兄弟民族的上层人物，都曾来避暑山庄朝觐。

　　山庄规模宏大，占地面积约 560 万平方米，是我国现存规模最大的古代园林。山庄周围环绕"虎皮墙"（也叫"乱石墙"），随山势而起伏，因地形而变化，气势宏伟，长达 20 华里。清代曾设重兵看守，在宫墙的四周，原来设有四十座"堆拨"（守卫兵营房），每堆拨驻有士兵 10 名。园内还有看营兵 500 名，园外也有大批驻防军。东西和南面的宫墙，上加雉堞，显示着封建统治者的"威严"。南面有三个门，中为"丽正门"，东为"德汇门"，西为"碧峰门"，门上都有面阔三间的城楼。东北有"惠迪吉门"（或称"北门"），西北有"西北门"，另有"流杯亭门"、"仓门"等专用门。

河北避暑山庄烟雨楼

河北避暑山庄文园狮子林

避暑山庄三十六景图之一

河北避暑山庄正宫室内

河北避暑山庄全景图

山庄以独特的园林建筑手法，模拟全国的自然地理风貌，集中融合了南、北园林的特点，可以说集我国古代园林艺术之大成。

山庄大体可区分为宫殿区和苑景区两大部分。苑景区又可分为湖区、平原区、山区三部分。

宫殿区在整个山庄的南部，是清代皇帝处理政务和居住的地方，包括"正宫"、"松鹤斋"、"万壑松风"和"东宫"四组宫殿建筑。

湖区在宫殿区以北。湖光变幻，洲岛错落，亭榭掩映，花木葱茏，是山庄风景的中心，呈现一派江南景色。康熙曾炫耀说，"天然风景胜西湖"，这虽然不免溢美，但与西湖相比，确是各有千秋。

山庄原来湖面很大，因有淤塞，现有水面480亩左右，仅及原来的2/3。湖沼总称为塞湖，被洲岛桥堤分割为澄湖、长湖、西湖、半月湖、如意湖、银湖、镜湖等几个形式不同的中型水面，既避免了一片苍茫的单调之感，又不显得过于琐碎。对湖岸的处理，任其自然曲折，不露人工痕迹，极少石砌，而以草木覆蔽，渲染自然风采。

在湖面上分布着月色江声、如意洲、青莲岛、金山、戒得堂、清舒山馆、文园狮子林、环碧（千林岛）等十来个大小不同、形式各异的洲岛。这些洲岛布置得自然而婉约，又用桥、堤等互相联络，乾隆说："岛屿堪图画，溪桥宛自成"，大体上还是符合实际的。

避暑山庄的修建前后经历了八十多年，所耗费的大量人力、物力、财力，已经无法精确计算，仅从故宫档案中查到的部分资料，即足以令人咋舌。如楠木殿建成后改建过一次，用银71500余两，近184000个工。乾隆二十六年，"热河珠源寺内依照北京万寿山宝云阁铜殿式

河北避暑山庄官殿区

河北避暑山庄金山

样，建造铜殿一座"，用铜41万余斤，工料银65000余两。乾隆三十六年，修永佑寺舍利塔，用银209000余两。乾隆四十三年，修文园狮子林，用银76000余两。乾隆四十六年，山近轩宫门大殿的部分工程，用银30000余两。广元宫殿宇房间工程，用银66000两。

乾隆四十七年，修烟雨楼，用银35000余两；建戒得堂大殿，用银38000两。这些工程绝大部分都是在有了七十二景之后修建的，多数工程花费的银子远远超过了当时承德府全年商税和地亩税的总和。

河北避暑山庄外八庙——须弥福寿之庙

麟游县隋唐仁寿宫、
九成宫离宫御苑遗址

隋唐时期的帝王苑囿，除长安、洛阳之外，在今陕西距西安100多公里的麟游县还建了一处风景极为优美、建筑十分精美的离宫别院、避暑胜地——隋仁寿宫和唐九成宫。隋唐帝王当时之重视，并不亚于长安的华清宫（今华清池），只是由于后来国力日衰，加之山崖崩塌、殿宇倾颓，后代王朝因都城迁移未再修复，早已成为遗址，逐渐被人们遗忘了。然而，它们却因为有一篇著名的文章和具有重大书法艺术

价值的碑刻，而流传了下来。近年来，经过科学考古发掘从已发现的遗址中，证实了这一处帝王离宫的辉煌壮丽。

现在在麟游县城天台寺西北山坡上保存着两块著名碑刻，一块是由唐初忠臣魏征撰文、著名书法家欧阳询所书的《九成宫醴泉铭》和唐高宗撰的《万年宫铭并序》。《九成宫醴泉铭》不仅书法秀劲圆润，一笔不苟，为欧书之上品，而且铭文中把这一宫苑的情况作了生动的描写，

陕西九成宫遗址

是研究这一离宫别苑的重要史料。铭中描写九成宫建筑情况时说："冠山抗殿，绝壑为池，跨水架楹，分崖涑阁。高阁建周，长廊四起。栋宇胶葛，台榭参差，仰观则迢递百寻，下临则峥嵘千仞。珠碧交映，金碧生辉。照耀云霞，蔽亏日月。"从这一段极为简练的文字中，可以看出这一宫苑建筑在山水崖谷之间，因地形巧妙营构的情况和建筑精美宏伟、装饰华丽的情况。关于这里的环境和气候，铭文中描写说：

"至于炎景流金，无郁蒸之气；微风徐动，有凄清之凉。信安体之佳所，诚养神之胜地，汉之甘泉不能尚也。"

根据历史文献记载，隋文帝时在这里修建了一座规模宏丽的避暑离宫，名仁寿宫，但为时不久就随着王朝覆灭而荒芜。唐太宗贞观五年（631年）加以修复扩建，改名为九成宫。"九成"者，言其高大，"九重"或"九层"之意。因为时隔不久，宫苑建筑可能还未十分破败，所以称之为修复增扩而非创建。唐高宗时，曾一度改名为万年宫，后不久又恢复了九成宫之名。离宫周长1800步（约合3公里），并在宫内外设置了禁苑、武库和寺观等建筑，宫殿、亭台楼阁比较集中，如《醴泉铭》中所描述的，是一处规模宏伟、景色壮丽的离宫别苑，被称之为隋唐离宫之冠。

由于山体坍塌、宫苑埋没和千年来的沧桑变化，当年盛况已不可复见，仅从现在的地面遗址上还可以看到一些迹象。

在今麟游县城的山下，有一条名为杜水的小河，自西向东潺潺流经。河水被一由北向南之小山阻拦，名石咀湾。小山之上旧有林虚阁，遗址尚存。经东北沟、梳妆台、水漫岭、天台寺到西北沟、东西两沟之间，有小山名天台山，大概就是遗址的范围。九成宫遗址向南跨过杜水，有凤凰台，相传隋文帝时有凤凰落于台上，因以为名。台南又有一土台，传说就是唐太宗

陕西九成宫唐碑

陕西九成宫花砖

点过兵的点将台。再南到下川村，有冬天不结冰的"御泉"，泉东南方有一所官坪的村子，传说就是唐代宫苑百官府寺的所在。官坪以北、海西头以东、宫苑永光门以南、石咀湾以西这一广大区域内为宫中汇水行舟的内海。在宫苑外围，还有马坊、西坊、南坊、北坊等区域，以及守卫的御林军营房和牧马的场地。可见这一宫苑除了它的中心部之外，还有大面积为之服务的区域，并不只是3公里的范围。

现在遗址中的天台山，是宫苑的居高地点，其上的主要高地称作九龙殿，即是排云殿的遗址。地势平坦，面积约6000平方米，在遗址中还保存了柱础、残石、残砖、碎瓦等建筑构件。殿址两旁还有残存土阙各一。在遗址的南面，临悬崖陡壁，高踞宫后，俯览宫苑景色。其北连接一条南北伸展的山脊，丘陵起伏，峰峦相接。在麟游县志上描写这里的景色时说："天台山在县西五里，为隋唐故宫旧墟，山阳崇崖峻起，石骨棱棱，其阴平衍以土。悬崖古柏，萦以葛罗，柏松亭亭，连云以霄。山中多古迹，题咏其多。"这已是宫苑崩塌千年的景象了。天台山也称之为水漫岭。据说当年唐太宗游幸九成宫，乐而忘返，群臣劝请回京，他都拒谏。后来天降暴雨，水漫上来，李世民才返回长安去了。这一传说一方面说明了九成宫的景物确实迷人，让这位盖世英主也被吸引忘归，另一方面也说明了这里的地形地质和水患，造成了这一离宫别苑很早就被毁废。

新中国成立之后，对这一著名的隋唐宫苑遗址十分重视，相继把唐九成宫遗址公布为陕西省级文物保护单位和全国重点文物保护单位。

1980年5月，文物考古工作者在遗址内发现了一座唐代的水井，井台呈方形，每边长6.52米，井台上部用方块素面石板和长方形石条砌成，井口为圆形，直径1.06米，周围刻有八瓣葵花形图案。井口外边，有四个间距为3米的石柱础，直径0.28米，中间有圆形小孔，似为井亭的柱础。井台上的砌石、柱础和井口的图案都经过打磨，雕刻得非常精美。20世纪90年代初，中国科学院考古研究所对遗址进行重点发掘，发现了一座规模宏大的宫殿遗址（37号遗址），距今地面数米之下。殿之平面面宽九间，进深六间。台基、阶石尚保存甚好，雕刻图案花纹具有明显的隋代和初唐风格，雕刻技术十分高超，证明这一隋唐宫苑确非凡响，魏征的铭文并非夸大。

这一遗址可能是在一次大洪水中山崖冲塌时被压埋地下，现在地面上已有很多的新建筑，一时还难以揭示其总体的面貌，但可以相信地下埋存很深的遗址遗物，如像已发掘的大殿基础一样，必然还非常丰富与完好，总有一天会得到揭露，与魏征的《醴泉铭》相互辉映。

陕西九成宫水井遗址

西藏罗布林卡

　　罗布林卡是一处独具特色的雪域园林，是一处藏汉合璧的园林，也是我国海拔高度最高的帝王苑囿。

　　罗布林卡是达赖喇嘛消夏的行宫，每当夏季炎暑之时，他便率领群臣到这里来消暑及处理政务，同时还进行宗教活动。它的性质与清代北京的圆明园、颐和园和承德避暑山庄等帝王行宫、离宫完全相似。

　　"林卡"为藏语，汉译为园林之意，罗布为宝贵、贵重之意，故罗布林卡有宝贝园之称。很久以来，藏族同胞城镇居民夏日有去野外游乐的习惯，称之为"逛林卡"，也就是游园。一般平民主要游的是山川林木、大自然的林园，他们往往带上一家老小或是邀集亲友，携带帐篷到远离城镇的地方，选择山林地带、河岸、水边、草地、鲜花、丛林中，支搭帐篷、烹煮食物、饮宴歌舞，甚至过夜野宿。罗布林卡也正是这一藏族民族文化娱乐的组成部分，但是

西藏罗布林卡正门

宫苑化了，同时还把藏族独有的"雪顿节"引入园中，成了达赖喇嘛和僧众官员们欢乐游园的重要节日活动。

罗布林卡这一独具特色的雪域园林的重要特色，在于它从原始的纯利用自然山川林木的园林活动，逐渐与人工造园相结合，并吸收了当地汉族造园艺术手法，营造出一个有殿阁楼台、假山亭榭、林木花草、水池勾栏的藏汉合璧园林。

罗布林卡修建至今已有 200 年的历史。在 18 世纪初期，这里还是一片茂密的灌木丛林，拉萨河的故道从这里经流，景色甚佳。相传五世达赖在夏天曾来此消暑。七世达赖喇嘛在哲蚌寺学经期间，曾来此沐浴治病，疗效很好，于是当时的驻藏大臣便奏请清朝政府在这里修建了第一座行宫建筑，名叫乌尧颇章（凉亭宫），作为七世达赖消夏、治病之用，以示中央政府的关怀。1851 年七世达赖又在东侧建了格桑颇章等建筑，正式命名为罗布林卡，此为建园之始。从此，罗布林卡便成了历代达赖的夏宫。八世达赖时期，相继增建了恰白康（阅书室）、曲然（讲经院）、鲁康（龙王庙）、措几颇章（湖心宫）等建筑，到松康司伦（威震三界阁）完工时，宫苑规模已初步形成。经过一段时间的间歇，到了十三世达赖时期，宫苑又得到大规模的扩建，继续修建了珍增颇章（普陀宫，后为藏书室）和金色颇章。最后一次是 1954 年中央人民政府为十四世达赖修建的达旦明久颇章（俗称新宫），形成今天罗布林卡的规模。

罗布林卡位于拉萨市西郊，布达拉宫西南约 2 公里处。全园面积 36 万平方米，相当于北京故宫的一半。其宫苑布局，按照现存的规模可分为东西两大部分，东部是以格桑颇章、湖心宫和达旦明久颇章（新宫）为重点、四周用围墙围成的宫苑区，西部是以金色颇章和格桑德古颇章为重点、较为分散幽静自然的宫苑区。

在东西两大苑区之间，是大片的林木、草地、花树，这里林木葱葱，花草繁茂，与万绿丛中的红墙、白墙、黄瓦、金顶交相辉映。

东部宫苑区　宫门的位置开在宫墙的东墙南侧，是一座其实甚为宏大、极具藏式建筑风格的大门。宽大深远的藏式垂花门楼和楼顶的金色装饰，使宫苑入口的气氛更加浓厚。入门后即是宫前区，一条向西的长约 200 米的道路引向东部宫苑区的宫墙东南角。沿湖心宫和格桑颇章的东宫墙北折，便到达了湖心宫的大门。

康松司伦　康松司伦是东部宫苑区的大门，这里是罗布林卡最早建成的景区，先建格桑颇章，后建这座大门。康松司伦汉译为"威震三界阁"，是一座五开间重楼三顶的楼阁式大门。大门的建筑规格很高，屋顶为高低错落的三座庑殿式金瓦顶。正门之旁还有随墙边门，有如内地佛寺三门之制。门前有一个石块铺地的广场，供"雪顿节"和重大庆典时演出藏戏和舞乐之用。达赖喇嘛和僧俗官员就在康松司伦二层楼上观看演出。

格桑颇章　位于宫苑东区的东南角，进入康松司伦宫门之后向南一拐就可到达。它是 1755 年时七世达赖始建，为罗布林卡最早建筑之一。起初为二层，到十三世达赖时又增建了第三层。颇章的第一层为经堂，第二层为乃堆拉康（罗汉殿）和贡康（护法殿）及达赖的阅经室，第三层为达赖接见僧俗官员的地方。在颇章的第二层有四幅壁画，非常引人注意，其内容为儿童玩耍的场面，名为"婴戏图"。一幅是儿童杂技图，图中有八名儿童正在作"钻圈"的表演，有两名童子手持汉文"福禄寿喜"、"增福延寿"的长条旗。另外三幅为"五童观鱼"、"五童戏耍"和"五童搬桃"。画面生动活泼，很富世俗生活气息，为西藏壁画中所少见。图中儿童的服饰、发型，表现了浓厚的汉族地区绘画风格，说明了汉藏文化交流的情况。

西藏罗布林卡亭石

西藏罗布林卡石桥

西藏罗布林卡达旦明久颇章

湖心宫 湖心宫的藏语为措几颇章，是罗布林卡东部宫苑的中心建筑，修建于八世达赖时期。湖心宫的布局很有特点，在一个长方形的大池内，南北分列三个方形小岛，在岛的周围和池岸绕以石栏杆。这种"一池三岛"的园林布局，在汉地中原地区已相传了两千多年，三岛的形式较为自然，而到西藏则整齐化了，这正是结合地方和民族特色的表现。在水池正中的小岛上，有一座三间歇山顶的汉式建筑殿宇，平面方形，前有宽阔的廊庑，下有高大台基和四周栏杆衬托，建筑体量虽然不大，却也显得稳重。殿顶饰以金色神像和金幢筒，表现了汉藏建筑艺术相结合的特色。在水池之北的方形小岛上建有一座规格很高的方形三间周回廊亭殿。重檐四角攒尖顶，殿顶采用了盘顶形式，铜瓦、金脊饰。檐下施斗栱，屋檐飞檐翘角，

汉藏建筑艺术结合得非常融洽。在殿内外还绘有藏传佛教的壁画，尤以前檐廊柱内壁所绘绿度母像为佳，不仅形象生动，而且画技精美，为艺术家和参观者所注目。两岛分别以跨水石桥相连，并从中心岛上左右以跨水石桥通达两岸。而在南侧的一个小岛则孤立于池中，岛中未有建筑，只是种了些树木，以保存其野趣，与颐和园南湖岛有些相似。

在湖心宫的西南角是观马宫，西侧有持舟殿，东北角有辩经台等建筑。

达旦明久颇章 俗称新宫，位于罗布林卡东区宫苑的北部，与湖心宫南北相对，中间以围墙相隔。新宫是西藏和平解放之后，于1954年由中央人民政府为十四世达赖建的，经过三年多的时间到1957年才完成。

新宫坐北朝南，是一幢在罗布林卡中体量最

大的藏式宫殿建筑。其平面布局极富变化，前有台阶抱厦，后有三叠折角形平面。宫的立面为两层楼，上层两重檐相叠，平顶黄瓦金饰，甚是华丽壮观。新宫的底层是一些附属功能的房间。主要的房间均设在二层，正南是小经堂，东侧为达赖的宝座，北侧供三世佛。新宫的左右和后侧，均在后墙上开梯形窗，而在二层前檐则开大玻璃窗，园内景物尽收眼底。室内墙面满绘藏传佛教历史发展的壁画。小经堂之北为大经堂，中设宝座，为达赖接见僧俗官员之所。大经堂的两侧尚有小型会客室和习经室、卧室等。

金色颇章　是罗布林卡西部宫苑区重要宫殿建筑。修建于十三世达赖时期，规模甚大，为罗布林卡中三大宫殿之一。金色，藏语意为受宠者，因为主持修建者是十三世达赖的亲信，人称"金色工比拉"，所以宫殿修成后，便以金色命名，也就是受宠者的宫殿，这一景区也命名为金色林卡。

金色颇章的正门前，有一个宽广的广场，面积达6800余平方米。广场的正中是一条用大石板铺砌的通道，通道两旁栽种了松、柏、杏、杨等树木。宫殿前面的四棵古柏，高大茁壮，枝叶繁茂。广场四周有围墙，形成大院落。院中还种植了玫瑰、牡丹等花卉，景色极佳。金色颇章的建筑亦是富丽堂皇，宫前长廊及宫内建筑无不雕梁画栋。黄色屋檐，金顶装饰，白墙红檐下边马草装饰，高低错落，与周围的绿树丛林相掩映，构成了一幅优美的高原雪域园林图画。

金色颇章为三层宫殿建筑，底层为大金堂，是十三世达赖接见僧俗官员、社会人士的地方。第二层为接见后官员人士的休息室。第三层是举行"八解脱律义"宗教仪式的好地方。

格桑德古颇章　位于金色颇章的西北侧，罗布林卡的西北角，可以说是附属于金色颇章的一座小型宫殿。它位于四周丛林环抱、泉水

西藏罗布林卡藏戏

沁出的环境之中，更感其幽静。在它的旁边后来又开辟了水池、亭榭、假山、小桥等园林景色，成为罗布林卡中效仿江南凉亭水榭等形式的景点，虽有假山水池，但一望而知是西藏地方风格。

天然林卡景区 罗布林卡作为一处继承藏族民间"逛林卡"传统习俗的政教合一宫苑，保存其天然景色气氛非常重要。现存宫殿建筑的周围绿树成荫，黄花遍地，林木和花草占地面积达全园面积的三分之二以上，为各种文娱活动提供了有利条件。除了平时经常开放之外，游园活动很多，最为热闹的就是"雪顿节"。拉萨城内外的市民倾城而至。

在17世纪以前，"雪顿"活动纯是一种祭神的宗教活动。按照佛教的清规戒律，夏天有几十天出家比丘不许出门。到了开戒的日子，他们才能出寺下山，世俗百姓要准备酸奶子施舍给他们，这就成了最早的"雪顿"活动。17世纪中叶，清朝政府正式册封五世达赖和四世班禅，形成了正式的雪顿节，丰富了演戏等内容，与文化娱乐相结合。起初达赖住在哲蚌寺，以该寺为中心，成为"哲蚌雪顿节"，后来布达拉宫建成，演戏等活动移到了布达拉宫。到18世纪初，七世达赖的夏宫罗布林卡建成，便移到了罗布林卡，并允许平民僧众等入园观看。

罗布林卡是西藏地区唯一的一座大型园林，也是我国海拔最高的一座帝王苑囿，它的造园风格独特，藏汉合璧，凝聚了藏汉两族人民和造园者的智慧，如今成为了西藏重要文化遗产的一部分，并享誉海内外。

姐妹双园 两岸争丽

——台北板桥林家花园和厦门鼓浪屿菽庄花园

我曾六次访台湾，多次游厦门，每到这两个地方，都被台北板桥林家花园和厦门鼓浪屿菽庄花园这两处具有浓郁中华民族文化的近代传统园林所吸引。更为引人注意的是这两处园林都有着密切的亲缘关系，可称得上是姐妹双园，两岸争丽。

一、台北林家花园

（一）园林的兴造和重修的历史

林家原籍是福建漳州龙溪。大约在清乾隆四十三年（1778年）的时候，其第一代始祖林应寅来到台湾，因其为一读书人，无路仕途，不久返回，但将其子林平侯留在台湾，受雇于米行之中。平侯凭自己的刻苦和经商才能，逐渐有所积蓄，自立经营米盐生意，后来又大为发展，拥有大量船只，往返闽台南洋之间进行贸易，并购买土地，招佃开垦，终于成为当时台湾的首富及与官府有缘的世家。其子林国华、林国芳兄弟及孙林维让、林维源兄弟继承祖业，最后选定在板桥兴建这座号称"大厝九色五，三落百二门"的豪华住宅和一座规模宏大、布局精美的宅第园林。宅第和园林的占地面积共达5万平方米，几乎占了板桥镇的一半，可见其规模之大。

台北林家花园方鉴斋水院

这一名园的次第经营，不计从乾隆年间林氏来台经商致富积累经济的阶段，自19世纪50年代咸丰年间开始在板桥兴建豪华大厝（宅第）时算起，到光绪十四年（1888年）建成所谓五落大厝（五进宅第）时为止，历时三十多年，可见这一园林是长期筹划、不断经营完善的。

自1895年日本侵略者占领台湾之后，林氏家族部分迁回福建，宅园逐渐荒废。"二战"之后，台湾虽归回祖国，但是当时的情况下，台湾政府无暇顾及，林氏后人也无力修复，园林不断荒废。随着台湾经济的逐渐发展，几十年来在各界人士的呼吁下，各有关当局共同努力，迁出了园内一百多户居民，并得到林氏后裔林百寿先生的响应，捐出花园，由政府进行修复。花园于1982年开工，历时4年多，于1986年底竣工，正式向公众开放。

（二）园林布局与造园艺术

台北林家花园是一座具有闽南风格的中国传统南方私家宅第园林。整个园林位于前后两座大宅之间，现在除三落大厝尚存之外，五落大厝中其余部分已被改建为高楼，不复存在了。园林的布局，既分离又以门、廊、路径、桥、堤等相联系，划分为不同功能的读书、赏景、游息等区域。全园建筑称得上是随宜布局，有机联系，功能明确，错落有致。

此园造园的艺术特点颇多，在园林建筑上除亭台楼阁具有不同的造型之外，园内高低起伏的各式垣墙最为引人注目。特别是众多的矮墙用于大小建筑之间，以之分景、隔景，起到隔而有分、分而不断的效果。假山的堆叠方法是林家花园的一大创造，由于在台湾很难找到像大陆江南园林中所用的太湖石，要从江浙太湖中去捞取或是其他地方寻找所费太大，于是便采用了以水泥混合灰粉和浆汁等材料来堆塑假山，尤以榕荫大池周围的假山体量最大，形态也最富变化。另外在一些广庭之间还散布少量的点石，有如出自地中，亦甚有趣。这种假山的制作技法，采用了闽粤一带传统的灰泥堆塑技法，在山形上还援用了国画中皴法笔意，自成一格。

（三）林家花园的游览路线和主要景区景点

林家花园的景点景区是逐渐形成的，因此，它的游览路线也是逐渐完善，最后按其功能需要形成的。原来花园的入口与宅第相连，现在为了适应城市道路交通状况，改由花园后面榕荫大池旁开辟大门作为入口，进门之后，还需要通过一条长长的夹道，才能到达原来的入口景点。

林家花园的景点很多，在台湾有的介绍资料把它分成9个景区，并称为"九景览胜"。现根据原来的园林布局和游览路线选择重要景区景点作简单介绍。

汲古书屋景区 从原来宅第进入园门之后，这里是第一个重要的区域。园主人虽然不是有名的书香门第，但却也非常重视文化，把这里作为藏书、读书之处。汲古书屋是这里的一个主要建筑，书屋的名称相传是仿明朝一位名士毛晋的"汲古阁"而来。建筑面宽三间，前面突出一个有如抱厦的轩亭。这个亭子的造型甚是奇特，其顶部以硕大之斗模仿承托着巨大的半圆筒形脊盖，显系受南洋一些国家的影响。在书屋的前面，有一个宽广的月台，月台上摆设着皇家园林中"露陈"似的石凳架和单个座位，其上陈放花盆花草，想当年书香花香交融，环境甚是优雅。在书屋的前面还有一个宽阔的广场，树木高大，浓荫铺地，并有矮墙、庭石点缀其间。在书屋的右侧有一座方亭，亭内有石桌凳，可供查书、读书倦困时散步坐息之用。亭子与书屋之间筑以似隔不离的矮墙，极富情趣。

方鉴斋景区 这一景区与汲古书屋紧密相连，是一组独成庭院的完整建筑，有如一些大型园林中的"园中之园"，和北京颐和园中的谐趣园相似。

游人从汲古书屋的左侧，经过狭窄的游廊复道，就可转至这一景区。为了增加游廊的变化，游廊分上下两层，皆可通行。当人们走出狭窄幽暗的游廊复道之后，一处豁然开朗的园景立即呈现在眼前。方鉴斋这一景区的分布是以一个清澈的方池为中心，主体建筑方鉴斋的前面出一临水轩，伸入水池之中。在其对岸建水中亭子一座，作为戏台，构成了浓厚的水景园。水池的两岸，打破了一般传统建筑中对称的形式而采用了灵活的园林建筑布局。在水池的左侧是一道通向来青阁景区的复廊，墙上原来刻有周凯的书法和谢琯樵的画竹，可称作是高雅的书画廊。可惜由于年久失修，已经残破不全，现经修复可看出的只存原道光十六年周凯所题的"朱子读书乐诗"四首了。在造园艺术上最下功夫的要算是斋屋水池右侧的景点了。岸边倚墙筑假山，峰峦层叠，石壁嶙峋，沿山小径的中途，又别出心裁地架小石拱桥，拱桥的桥身上下起伏如驼峰，左右摆动如游龙。人行其上，每每驻足观赏旁边的假山亭子、老树古木以及水池周围的景色。这一园中小园，被台湾专家称作是这一花园中最幽静、最富诗意的景区。

来青阁景区　从方鉴斋的复廊转出后，由一处幽静的池园来到开阔的院落，景观又是大变。这里便是园林中建筑规制最为雄伟，精工细作的来青阁。它是当年招待宾客下榻之处。当年取这一楼名时，为的是登阁四望，尽赏周围青山绿水的自然景色。

来青阁是这一景区的主体建筑，周围还有宽阔的广场庭院和一些陪衬的景点，在阁的前院和左右两侧，都以漏窗花墙予以分隔，这些庭院广场中设置花架花墩，摆放花卉盆景，供主客坐息观赏。在阁对面有一座四方形歇山顶的空敞亭台，有一块名"开轩一笑"的匾额。

在来青阁的右边，设计者又巧妙地安排了一个特殊景观——隔离景区的垣墙，名"横虹卧月"。过此垣墙门便进入另一个景区"香玉簃"了。

香玉簃和观稼楼景区　这两个景区位于全园的中部，它们的功能，一是赏花，一是观看田园风光、农夫耕作图景。这两个景区前后相连，一墙之隔，中间介以花圃，甚是相得。

观稼楼和来青阁是园林中两座高层建筑。观稼楼的体量虽较来青阁稍小，但在造型上却别具风格。据台湾古建筑专家李乾朗教授考证，观稼楼可能是园林中早期的建筑，在 1907 年的一次台风中被刮倒了，现在的楼是根据旧照片和有关资料重修的。为了便于登楼观稼，楼的二层设计为四周宽广的平台，屋顶也做了"盝顶"式的平顶，当年人们还可能去"一穷千里目"，可惜目前四周已是高楼林立，不能观稼了。除了楼的本身建筑造型别具一格之外，观稼楼楼前的垣墙也极具特色，前院的围墙做成书卷的形式，高低起伏，造型优美。在围墙之外，还有一个海棠形的水池，池边也护以矮墙栏杆。这些矮墙、洞门、漏窗，构成了园林中墙垣艺术的一大景观。在观稼楼的南侧，还设了一个大型鸟亭和猴洞，以饲养鸟类和动物，好似小动物园，平添了园林的生趣。

定静堂与月波水榭景区　定静堂是这一园林中一组规模最大、整齐对称的四合院式建筑。它位于园林后部的中心，左右两侧为两组独具特色的大小水面形成的园林景区所环抱。东为小巧精致的月波水榭，西为园中规模最大的榕荫大池和大假山。定静堂这组建筑是为主人举行正规的大型宴会之处，礼仪性很强，因而在命名上采用了《大学》中"定而后能静"之句，以表示其含义。定静堂的门前布局，也是经过精心设计的，为了满足举行大型宴会时众多客人的集散，布置了一个十分宽阔的广场，面积几与定静堂相等。尤其是广场两侧围墙的设计

台北林家花园月波水榭

台北林家花园钓鱼矶与云锦淙

考虑得很周到，两侧墙上开辟圆形的洞门，从洞门中可框画出相对的图景，从一门望另一门，更是环中有环，层次深邃。在墙上还开辟有蝴蝶形、蝙蝠形的漏窗，使客人在广场中集散和交谈活动时平添几分情趣。

月波水榭位于定静堂的东侧，与定静堂组成一个方形的平面格局。月波水榭这一景区由三个部分组成，南部是一个绿地草坪，与香玉簃相接，有曲折回廊相通。草坪之内有石桌凳可供坐歇、饮茶、下棋等之用，也起点景之用。月波水榭是一组别出心裁的设计，在一个海棠形的水池当中建一座双菱形的水榭建筑，有小桥与池岸相连。最有趣的是登上水榭上层的石梯，利用了老榕树巨大的树干，好似从树中进入，绕道盘曲而上。入口处题"拾级"二字，引导人们从这里拾级而登。水榭二层为一个四周绕以短栏的平台，供人们在此观赏池中的波光月色，并可眺望四周园林的景物。这里的环境比较封闭幽静，据说当年林家内眷常来此垂钓观赏。

榕荫大池景区 这一景区位于花园后部、园子的西北隅，与定静堂和观稼楼相连。整个景区的布局以大池为中心，是园中最大的水面景区，被称之为游园的最后一个高潮。这一景区的面积近 5000 平方米，约占全园面积的 1/4。大池为曲池形，池的西北南三面均以假山环抱，并缀以亭子、勾栏、矶岛、洞门、漏窗等，波光粼粼，绿树成荫，确实费了一番心思。

二、福建厦门鼓浪屿菽庄花园

菽庄花园在我国众多的私家古典园林中，可称得上是一朵晚出的奇葩。它不仅继承了古典园林造园艺术的优秀传统，而且与台湾省台北县板桥林家花园有着特殊的历史关系。两个园林虽然分隔，不断历史文化的亲缘。

（一）一段不平凡的造园经历

菽庄花园的造园历史，反映了近百年来帝国主义侵华的历史，可以说，没有日本帝国主义侵占台湾，也就没有这座花园的出现。这座花园的主人林尔嘉是台湾首富林维源之后。林尔嘉从小生长在板桥花园之中，那里给他留下了深刻的记忆。

后来，因日寇侵占了台湾，林家举家搬往厦门，林尔嘉在继承了父业之后，时刻不忘他在台北生活多年的板桥旧居，尤其是那座精美的住宅园林，于是便在厦门鼓浪屿海边选择了草仔山山坡之下与海湾小港之间的一片空地，仿板桥旧居宅园，修建了这座园林。

（二）独特的造园艺术构思

此园的兴造原因，主要是主人的国乡情怀，他的故居被日本军国主义所侵占，不可能回去，但又念念不忘。正如铭刻所记的"东望故园，辄萦梦寐"，并且把厦门作为侨居之地，可见其思念家园之情绪。出于怀念故园，他"手自经营"，自己来进行构思规划。当然他也请了一些高明匠师来实地经营操作，但主要的布局和设计都是由他定夺的。从他的刻石所记中，可以看出这一小园的历史和经过，以及造园艺术特色（见菽庄园主人题记石刻）。

（三）利用地形，巧于安排

林尔嘉选择的鼓浪屿东南这块背山面海之地，可以说是非常难得的"宝地"。这里为兴造园林提供了优越的自然条件：前面是波涛万顷的大海，东依草仔山山坡，坡下又有一个小小的港湾，西有湾仔后海滨沙滩浴场，西北便是鼓浪屿的最高景点日光岩。

"因其地势辟为小园"，这是林尔嘉菽庄花园造园的主导思想。我国古典园林是幽静之

福建菽庄花园枕海石

福建菽庄花园曲桥

色。此园所借之景主要有三。第一是借大海之景，这一借法非常巧妙，"藏海"是其一，"观潮"是其二。本来大海在海岛随处可见，就非园林之事了，为的是园中观海，所以要先把它藏起来。其处理的手法是在菽庄花园入口处设置一个封闭的庭院，种植树木花草，一堵黄墙迎面挡住了视线，一点不见大海的影子。然后从左侧月洞门转出去，经过藏密的竹林，"山重水复"之后，忽然碧海蓝天，迎面的四十四桥和上面刻着"海阔天空"的枕海巨石展现在眼前，继续前行，万顷洪波奔腾而来。海中特别建了一座"观潮楼"以观海景，可惜这座观潮楼早年被台风吹倒之后，尚未恢复起来。第二是借山之景，在园子之中特意安排了多处观山地点，湖池西岸随处可见东南草仔山坡的自然山石和花树、亭台以及曲折石级的景色。安排极当的是把鼓浪屿最为突出的景观日光岩、月光岩借入园中，好似园中的一部分。第三是借了北山和草仔山上的建筑之景。厦门是很早对外开放的城市，西式建筑、中西合璧式建筑很多，造型和质量都很好，它们就在院子的周围，把它们借入园中，也丰富了花园的内容。

（五）继承传统，仿照故园，不断创新

菽庄花园是林尔嘉为了怀念故居家园而建，但是由于地形环境、经济力量、历史变迁等条件，不可能完全一样。

在台湾故园中，最大的一个景区就是榕荫大池，也是林尔嘉梦绕魂牵的一个重要地方，要完全照搬已无可能，于是采用了把它从海上分隔的办法。原来的跨池大桥在这里由于地盘限制和环境变迁也不可能照样仿建，便采用了贴水平桥曲折纵横的办法，更接近于江南园林的风格，与这里的空间环境也更为协调。在板桥故园的大池旁边，有一组高大雄浑的

区，不能敞开面向大海，板桥别墅的家园也是有围墙封闭的，于是采用了把园的主要景观隐蔽起来的办法和把小园分成"藏海"与"补山"两大景区的布局方式。

利用原来的海滩奇石，不施斧斤，稍作安排，即成佳景。

菽庄花园位于海滩小港之外，自然的奇石矶滩景观非常丰富而有变化，是造园的绝好条件。当时有两种选择，一是把它们砍凿平整，利用石材修建亭阁，增大建筑物的容积和数量，一种则是把它们原状保存，不加斧斤，稍作安排，成为自然之景物。林尔嘉选择了后者。保存自然山石、巧为安排，可称得上是这一园林的独特之处。

（四）"巧于因借"

"巧于因借"是菽庄花园又一重要造园特

假山，在这里不可能有这样大的面积来重建，于是重新创意了十二生肖为内涵的十二洞天，假山的造型也有所改变，适应了这里的环境。在板桥家园中有来青阁、观稼台，以观看周围的庄稼禾苗、田野，这里有的只是大海、岛山，便改建为壬秋阁、观潮楼以适应鼓浪屿的具体情况。在园林建筑形式与建筑材料上，也有了很大的发展。如园中的亭台楼阁，在古典园林中多为木料，而鼓浪屿潮气较大，木构不易保存，所以多采用钢筋水泥仿木构的办法。

板桥林家花园开创了以洋灰掺灰泥、黏合剂来塑造假山的办法，一百多年来，仍然完好如初。菽庄花园在继承这一改革之下，又有所创造，用水泥和石块塑造了十二洞天的假山。此外在园子点景小品中，吸收了日本、南洋和江南园林的技法，如自然顽石、矶滩与植物、竹木小桥亭阁的配置，石灯笼、庭石的布置等，都有新意。

现在鼓浪屿菽庄花园已成了到厦门游览观光必去的胜地。

福建菽庄花园望日光岩

福建菽庄花园壬秋阁

福建菽庄花园小景

福建菽庄花园碑石

中国古园林概论

中国古典园林有着悠久的造园历史和精湛的造园艺术，在世界园林史上占有极其重要的地位，被誉为造园之母。

中国古典园林是中国古建筑与园艺工程高度结合的产物，是中国传统居住、休闲、观赏、文学艺术等综合营造的艺术空间体形环境，是中国优秀传统文化遗产的重要组成部分。不少重要的古典园林已被国家公布为重点文物保护单位，其中具有重大价值的皇家和私家园林已由联合国教科文组织世界遗产委员会审定批准列入了《世界遗产名录》，成为世界人类共同的财富。

一、悠久的造园历史

（一）从利用自然山川林木到人工造园开始时期（公元前 4000 ～前 500 年左右）

中国造园历史悠久，相传在 5000 多年前的原始社会末期，人们即已利用自然的山河、水泉、林木及鸟兽群集之地作为生活游乐的场所。从单纯利用到逐步加以经营治理，从而开始了早期的造园活动。如狶韦的"囿"、黄帝的"圃"，就都是利用自然山河、水泉、鸟兽的天然园林。《穆天子传》上记载：春山之泽，

水清出泉，温和无风，飞鸟百兽之所饮，先王之所谓"县圃"，即是指这种天然园林。

相传在帝尧的时候，就设了"虞人"的官位来掌管山河、苑囿、畋猎的事情。舜的时候曾封伯益为虞官，专管草木、鸟兽之事。由于生产力不发达，当时人们主要还是利用自然，人力的经营是非常之少的。

到了距今三四千年前的殷商时期，生产力得到较大发展，剩余劳动力增多了，奴隶主得以集中大批的人力、物力建造宫殿和园林，供给他们享乐。相传殷纣王曾经役使大量的奴隶和工匠建造规模宏大的园林。

西安出土唐三彩盆景

至公元前 11 世纪的周朝，关于造园的情况在历史文献上已记载得较为清楚了。周文王的时候，经营了一个方 70 里的囿。

《诗经·灵台》曾对周文王的灵台、灵囿、灵沼的建造情况以及其游乐的情况作了生动的描写：

经始灵台，经之营之。庶民攻之，不日成之。
经始勿亟，庶民子来。

王在灵囿，麀鹿攸伏。麀鹿濯濯，白鸟翯翯。
王在灵沼，于牣鱼跃。

诗中所说的灵台，是一组高大建筑物，灵囿是养育禽兽的地方，灵沼则是养育鱼类的池沼。由此可知，这一园林已是一座综合性园林了，并有了专门管理园林的官员和专职技术工作人员。《周礼·考工记》上记载：囿人：中士四人，下士八人，府二人，胥八人，徒八十人。这些即是掌管养育和管理禽兽工作的人员。此外，《周礼·地官》上记载了掌管培植花草、林木的官员和工人，即"柞氏"，包括下士八人、徒二十人。

在公元前 11 至前 3 世纪的 800 年间，各诸侯国竞相修筑园林，所谓的"苑"、"囿"数量很多，如郑国的原囿，秦国的具囿，吴国的梧桐

古画中的曲水流觞

园、会景园等。这些园、囿之中均有豪华的建筑物。吴王夫差则在宫中修建了海灵馆、馆娃宫，宫殿的柱子、栏杆都用珠玉装饰。当时曾对囿的规模作了规定：天子百里，诸侯四十里。

这个时期除了利用自然的山林、水池之外，已经开始了人工造山开池的工作，向人工造园迈进了一大步。古代文献《尚书·旅獒》中记载的"为山九仞，功亏一篑"及《论语》中记载的"譬如为山，未成一篑，止，吾止也"，说的就是人造假山的事。

（二）造园大发展，园艺大提高的秦汉时期（公元前3～公元3世纪）

公元前3世纪，秦始皇并灭了六个纷争割据的诸侯国家，统一了天下，开创了中国大一统的局面，从而得以集中更多的劳动力来进行各项建筑工程。公元前206年，刘邦灭秦，"汉承秦制"，把秦始皇时期所形成的大一统局面继承下来。其宫殿苑囿的规模更为扩大，皇家宫苑动辄百里、数百里，造园艺术与技术亦大大提高，私家园林蔚然兴起，在我国造园史上写下了光辉的一页。

《汉书·贾山传》上记载：秦之上林苑，宫殿、园池、台榭延蔓三百里。《三秦记》上记载，秦始皇作长池，引渭水，东西二百里，南北二十里，筑土为蓬莱山。其造园工程之大可以想见。

将帝王宫殿与园苑结合在一起，是我国古代皇家园林的传统。有的在宫殿建筑群中布置单独和分散的小园，有的则在大型园苑之中建造宫殿朝堂。宫殿与园苑可以说是水乳交融。从西周时期的灵台、灵囿、灵沼，一直到清代的皇宫、北海、颐和园、圆明园，近3000年来相继不断，而比较成熟的例子则始自秦始皇时。秦始皇并六国之后，即在咸阳之东筑上林苑。公元前212年，在苑中建前殿阿房，东西500步，南北50丈，上可以坐万人，下可以建五丈旗。周驰为阁道，自殿下直抵南山。此宫殿实际是上林苑中的主要建筑，因而在建成后，即把整个园苑称为阿房宫了。这一宏大豪华的宫苑伐尽了蜀山之木，耗尽了无数工匠的心血，但却在建成之后不久，被项羽一把火焚毁了。它的规模，我们只能从唐代诗人杜牧的《阿房宫赋》中略知一二。赋中描写说："覆压三百余里，隔离天日。骊山北构而西折，直走咸阳。二川溶溶，流入宫墙。五步一楼，十步一阁。廊腰缦回，檐牙高啄。各抱地势，勾心斗角……长桥卧波，未云何龙？复道行空，不霁何虹？高低冥迷，不知西东。歌台暖响，春光融融。"真可谓是一座空前未有的宏大宫苑了。

汉代宫苑的宏大更胜于秦。汉文帝之子梁孝王所营的东苑（也称作兔园或梁园），方340里。园内有猿崖、龙岫、雁池、鹤洲、凫渚和许多宫殿楼观相连接，并有奇花异树，珍禽怪兽。汉武帝时又将秦代的上林苑加以充实扩展，建离宫70余所。武帝还经营了规模更为宏大的甘泉苑，周围540里，苑内建宫殿百余处，又开建了昆明池、蒯池、西波池、龙首池等。此外，汉代著名的皇家园苑还有乐游苑、思贤苑、博望苑、御宿苑、西郊苑、西苑、显阳苑、宜春苑等。最近在广州市区发现的一处西汉时期南越王宫署遗址中的园林遗址，有石池、石柱、石栏杆、石渠等建筑的遗迹，说明了当时王室园林造园艺术已经达到较高水平。

1．蓬莱三岛宫苑布局的形成

相传在我国东海中有蓬莱、方丈、瀛洲三座仙山，其上有仙山楼阁、珍禽怪兽、奇花异草及长生不老之药，是令人神往的仙境所在。秦始皇、汉武帝都作了许多努力要想入海登仙山，但终未成功。真的仙境没有，长生无术，但是要在人间制造一点"仙境"还是有可能的。于是秦始皇在上林苑长池之中建造了蓬莱山，汉武帝在建章宫内开太液池，并于池内筑蓬莱、方丈、瀛洲三座"海中神山"，造出了"人间仙境"，由此开辟了造园布局上的一个新境界。因为水面是园林中不可缺少的部分，无水的园林是很难经营的，所以历代帝王的宫苑大多具有较大的水面，而水面如果空荡无物则平淡无趣，海中三神山的仿建，正完成了这一任务。加之在山上布置的一些亭台楼阁，烟雾迷濛之际，确有一些仙境的意味。今天留下的许多古典园林，如北京的三海、颐和园以及浙江杭州的西湖等都是按照海上三神山（仙岛）的方式布置的。这种所谓"移天缩地在君怀"的技法，二千年来经久不衰，从模仿自然山水进而模效人工的

景物。清代的圆明园、颐和园、避暑山庄等汇集全国胜景于一园，也是由此发展而来的。

2. 造园技法的成熟及人工堆山叠石、人造水景的发展

对园林景色构成的几个主要因素，即建筑、山、水、花木、鸟兽等的利用与营造技法，在秦汉三国五百年的时间里可以说已经达到了非常成熟的地步。所谓的造园艺术、造园技法也就是对这些因素的安排布置和加工创造。山水、花草、树木、禽兽本为自然天赋，应以利用为上，但自然之物毕竟不能完全如人所愿，因此，从来奥境名区，天工人巧各居其半。造园的意义也就是要将天工所遗加以人巧的功力，不然便只是自然保护区了。凡园中无山者要造山景，无水者要造水景，无花木者要植花木，无禽兽者要育禽兽。从汉代的历史文献中，我们不难看出当时造园技法

所达到的高度。《汉宫典职》上说："宫内苑聚土为山，十里九坡，种奇树，育鹿麀麋，鸟兽百种。激上河水，铜龙吐水，铜仙人含环受水下注，天子乘辇游猎园中。"这里所说的"激上河水，铜龙吐水"，即是人工制造的喷水水景。这在世界造园史上算是先驱了。

3. 山水园、植物园、动物园与宫殿居住相结合的综合性宫苑的形成

中国古代帝王的宫苑范围庞大，内容丰富，因而在世界造园史上占有重要的地位。试观秦汉时期的上林、甘泉诸苑莫不是把宫殿、山水、植物、动物集聚一起。这样的帝王宫苑相传了二千多年。

4. 私家园林的兴起

在秦以前，除帝王、诸侯、卿相等达贵官

员外，一般商民很少营置较大的园林。到了汉代，造园之风并及富户豪绅，而且经营的园林规模之大、内容之丰富也是十分可观的。如茂陵富人袁广汉在洛阳北邙山下所筑的园子，东西四里，南北五里，激流水注其内，构石为山，高十余丈，连延数里。白鹦鹉、紫鸳鸯、牝牛、青兕等奇禽怪兽委积其间。又积沙为洲屿，激水为波澜。其中致江鸥、海鹤，孕育产卵，延蔓林地。奇树异草，靡不具植。屋皆连属，重阁修廊，行之移晷，不能遍也。像这样的私家园林足可与帝王宫苑相媲美。这种居住与园林相结合的宅园延续了二千年。

（三）城市绿化发展、寺观园林兴起的两晋南北朝时期（265 ～ 589年）

司马炎结束了三国鼎立的局面，建立了晋朝，继而南北朝对峙，天下一分为二。在这合而又分的三百多年中，造园活动仍在不断发展。先是在洛阳继承和利用魏的榴园，营建了琼圃园、灵芝园、石榴园、平乐苑、鹿子苑、桑梓苑、葡萄园等园林。西晋建国不久即南迁，其宫苑规模较之秦、汉要逊色，但是私家园林却继袁广汉之后争逐豪奢，最有名的是惠帝时期洛阳石崇所营的金谷园。石崇是中国历史上以豪富、以珠宝斗胜的有名人物。他所营的金谷园，不仅亭台楼阁备极华丽，而且园林布置也请了高明艺匠，着意经营。晋时名士潘岳专门赞美金谷园的诗有云："回溪萦曲阻，峻坂路威夷……温泉龙鳞澜，激波连珠辉……灵囿繁花榴，茂林列芳梨……"可见园内的水景和花木景色是非常突出的。此外，还有一些文人士大夫，如谢安、顾辟疆、王道子等也都崇饰园林。王道子使赵牙所营东第宅园，筑山穿池，列植竹木，

并在水边仿宫人设酒肆沽卖，乘船就饮，把社会生活的"活景"搬入园中。千余年后颐和园中的苏州河买卖街仍使用了这一技法。

城市绿化在我国也出现得比较早。如秦汉时期，即有行道树的规制。现在记载城市绿化有文字可考者以建业为最好。左太冲《吴都赋》中曾写道："朱阙双立，驰道如砥。树以青槐，亘以绿水，玄荫眈眈，清流亹亹。"到晋室南迁，对建康的城市绿化、美化更是注意。在宫城外种植橘树，宫墙内种石榴，宫殿和三台、三省官衙列植杨柳，从皇宫南面的夹道出朱雀门的道路上种满垂柳与槐树。齐谢朓在《入朝曲》中描写说："江南佳丽地，金陵帝王州。逶迤带绿水，迢递起朱楼。飞甍夹驰道，垂杨荫御沟。"

南朝宋、齐、梁、陈四个朝代在建康营建的园苑遍布城郊。著名的有宋的乐游苑、青林苑、上林苑、南苑，齐的晏湖苑、新林苑、博望苑、芳乐苑，梁的兰亭苑、江潭苑、建兴苑、华林苑、上林苑、玄圃、延香苑等。玄圃在台城东七里钟山之麓，楼阁奇丽，山水极妙。其中的数百间楼观是用机关巧节制作的，顷刻之间可以建成，须臾即可撤除，迁移他处，可以说是一种活动房屋。这种活动房屋在以后的许多园林中也常出现，现在承德避暑山庄内还有类似的活动帐殿。

北朝园林，首推北魏道武帝在平城所营鹿苑。其规模南因城台，北距长城，东包白登，属之西山，广逾数十里。凿渠引武川水，注之苑中，疏为三沟，分流宫内外。此外，较为著名的北朝园林还有北齐的仙都苑，后燕的龙腾苑，后赵的桑梓苑、华林苑等。

两晋南北朝时期在中国造园史上突出的贡献是寺观园林的兴起，它为中国园林增添了一个新的类型。佛寺的修建始于东汉，起初是作为礼佛的场所，后来由于僧人、施主居住游乐的需要，逐步在寺旁、寺后开辟了园林。由于舍宅为寺、舍宫为寺之风的影响，不少皇家园林、住宅园林被改作为寺庙，寺院园林的修造因此达到了很高的水平。河南登封的嵩岳寺，在北魏时名叫闲居寺，原是皇家的离宫舍作寺庙的。著名的大同云冈石窟，在修建的时候就把庙宇修建成园林的形式。郦道元《水经注》上记载："山堂水殿，烟寺相望。"南朝的寺庙也非常多，不少的寺庙都建有园林。唐代诗人杜牧在诗中云："千里莺啼绿映红，水村山郭酒旗风。南朝四百八十寺，多少楼台烟雨中。"寺院又成了风景园林中的组成部分。当时的同泰寺（今江苏南京鸡鸣寺）除了大小佛殿以外，还布置有精美的园林。在璇玑殿外，用石头堆叠假山，并布置了水法。至于栖霞寺则更布置得环境清幽，引人入胜，有镜潭月树之奇、云阁山房之妙、崖谷清人世之心、烟霞赏高蹈之域，至今仍然是南京的名胜风景。

南北朝佛寺中的园林不可胜数，其中有许多是水平很高的作品。

自此以后，园林与寺庙结为一体，凡是较大的寺庙都有园林，较大的园林中必有寺庙。皇家的宫苑必以寺庙为点缀，如北京的北海琼岛正中就是一组寺庙建筑（永安寺），北海北岸还有天王殿、阐福寺、小西天等庙宇。颐和园后山有大型的喇嘛庙。承德避暑山庄内有永佑寺、珠源寺等。寺观中的园林还有公共园林的性质，其中一些寺观甚至以一特殊景色名闻遐迩。唐代长安的玄都观遍种桃花，是长安闻名胜景，每年桃花开放时节，观内老少咸集，仕女如云。现今北京法源寺的丁香也久负盛名。苏州的西园本是戒幢寺西侧的一个小园，由于园林有名，寺的名字反而鲜为人所知了。

我们可以得出这样一个结语：园林艺术丰

富了寺观建筑的内容，而寺观的建筑又增添了园林的景色。二者互为补益，相得益彰。

（四）宫苑竞奢，私园崛起，诗画、山庄式园林兴盛的隋唐时期（581～907年）

隋朝结束了南北朝的分裂割据局面，但其统一的局面为时短暂，代之而起的唐朝文治武功盛越前朝，统治时间达三百年之久，可以说是中国历史上的一个极其兴旺的时期，文化艺术高度繁荣。在帝王宫苑方面，此时继续踵事增华，竞逐豪奢。最突出的是隋炀帝时期。炀帝是一个穷奢极侈的君主，他大兴土木，营造宫苑，从大业元年（605年）开始就动用百万人力，修建西苑。据《海山记》和《大业杂记》记载：西苑周围二百里，苑内聚石为山，凿地为五湖四海。五湖东曰翠光，南曰迎阳，西曰金光，北曰洁水，中曰广明。每湖方十里，湖中积土为山，山上建有亭殿，曲折环绕，穷极人间华丽。北海方圆四十里，海中仿建蓬莱、方丈、瀛洲三仙山。山上修台榭回廊，山上风亭、月观都用机械制作，忽而升起，忽而消失，宛如仙山楼阁，时隐时现。炀帝还下诏全国将所有名贵的鸟兽、草木经驿站转运到京师。西苑又分十六院，为景明、迎晖、楼弯、晨光、明霞、翠华、文安、和珍、影纹、仪凤、仁智、清修、宝林、和明、绮阴、降阳，院名都是他自己所取。每院中遍植各类花木，芬芳满园。但是到了寒冬，不免花树凋零，景色凄凉。为了弥补这一缺陷，工匠们用五彩锦缎剪成各种花叶扎于树上，池沼之内也剪荷叶莲花浮于水面。若颜色退去或是折损时，即以新的更换。这也算是一种人力回春的办法吧！此外，还修造了东都苑、天苑及华林苑等园林。

唐代继承了隋的宫苑规模，加以增饰，并新建了不少园林。神都苑东西七十里，南北三十九里，西面五十里，北面二十四里，周围一百八十三里，继隋之后面积又有所扩大。据《长安志》记载，在宫城之北有禁苑，东西二十七里，南北二十里，西接长安故城（汉长安），南连京城，北枕渭水。另外，还建有御苑、鹿苑、上苑等。

以上所述皇家园苑，由于自然和人为的破坏，俱已成为灰土，关于其规模，只能从文献记载中得知梗概。唐代宫苑地址之可考者，尚有骊山华清宫（即今之临潼华清池）和九成宫遗址。华清宫位置在今西安东30余公里的临潼县城之北的骊山脚下。华清宫以温泉著名。唐代的时候，宫殿楼台依山而建，围绕温泉遍布游廊亭树。这里曾是唐玄宗和杨贵妃常来游幸之所。诗人白居易在《长恨歌》中以"春寒赐浴华清池，温泉水滑洗凝脂"的诗句，盛赞这里温泉水质之佳。现在的华清池虽经历代修建，建筑已非原状，但山形、地势仍是千余年前遗迹。近年在华清宫发现了唐代石砌浴池的遗址，为这一著名宫苑的历史情况提供了可贵的资料。

中国式的园林之所以能发展出很高的艺术意境，与中国深厚的文学艺术基础有很大关系。许多描写山川形胜的诗句和书画都是造园艺术家及工匠们绝好的借鉴。不少诗人、书画家甚至直接参与了园林的经营设计，因而在唐代出现了一个诗画园林的流派。他们以自然景色为主导思想，利用自然的山水泉石、闲花野草，不求金碧辉煌，不事精雕细刻，在艺术上达到了很高的境界。如唐代著名的画家和诗人王维所经营的"辋川别业"，即是一处按照他自己所绘的图画设计而成的园林。园内布置如诗如画，有孟城坳、华子冈、文杏馆、斤竹岭、鹿茈、木兰茈、茱萸、宫槐陌、临湖亭、南垞、欹湖、柳浪、白石滩、金屑泉、竹里馆、辛夷坞、椒园、漆园等乡郊景色。在南垞放鹤，在山溪养鹿，在横川上架圆月桥，在湖沼上放舟，务尽其田野风光之美。诗人白居易也是一位有名的园林设计师，我们从他的《庐山草堂记》和致友人元稹书中，可以领略到他所营建的庐山草堂的山野园林的意趣。与元稹的信中云："……去年秋，始游庐山，到东西二峰间香炉峰下，见云水泉石胜绝第一，爱不能舍，因置草堂。前有乔松十数株，修竹千余竿。青萝为墙垣，流水周于舍下，飞泉落于檐间。红榴白莲，萝生池砌，大抵若是。"《庐山草堂记》中说："……元和十一年（816年）秋……作为草堂。明年春，草堂成，三间两柱，二室四牖……木，斵而已，

不加丹；墙，圬而已，不加白；砌阶用石，冥窗用纸，竹帘竹幪，率称是焉……是居也，前有平地，轮广十丈，中有平台，半平地；台南有方池，倍平台。环池多山竹野卉，池中生白莲、白鱼……堂北五步，据层崖，积石嵌空垤。杂木异草覆盖其上，绿荫蒙蒙，朱实离离……堂东有瀑布，水悬三尺，泻阶隅，落石渠，昏晓如练色……其四旁耳目杖履所及者，春有'锦绣谷'花，夏有'石门涧'云，秋有'虎谷'月，冬有'炉峰'雪……"真可谓一处诗画园林艺术佳作。

陕西华清池入口

116

北京颐和园青芝岫

又如李德裕所置的平泉庄，也是一处精心布置的诗画园林。该园在洛阳城外30里处，园中的花木台榭恍若仙府。康骈《剧谈录》云："有虚槛对引，泉水萦回。输凿像巫峡、洞庭、十二峰、九派，迄于海门，江山景物之状……有平石，以手磨之，皆隐隐见云霞、龙凤、草树之形。"

唐代宰相裴度，由于宦官专权，便辞官到东都集监里经营园林，其园林设计之精美可堪称道。园中有湖，湖中筑了百花洲，洲上起堂，名曰四并堂。此外，还有桂堂、迎晖亭、梅亭、环翠亭、翠樾轩等，各具特色。又寻觅了江南的珍木奇石，列于堂前。这一园林的设计曾被称为能兼顾宏大与幽邃、人工与天然、水泉与眺望六者的作品。

在隋唐时期还有两处园林需要提及。一是长安之曲江池，本来是汉武帝时之宜春苑，因池水曲折，故名曲江。周围六里，是一处天然形胜的郊苑，汉代后已废，隋代筑大兴城（即长安）时把它包入城的东南角，重加修整经营，

开黄渠引浐水穿城入池，园池复兴，改池名芙蓉池，苑名芙蓉园。唐代再加疏治，又名曲江，池面七里，并筑紫云楼等楼阁亭榭于湖岸，花木周环，烟水明媚，为都中第一胜景。此园的特点是带有皇家开辟之公园性质。每当中和（二月初一）、上巳（三月初三）等节日，自帝王将相至商贾庶民，莫不云集于此。唐玄宗还于三月初三在此赐宴臣僚及新科进士。

二是山西新绛的绛守居园池。园子在新绛城西南隅，古绛州衙署之后，亦称莲花池，是现存可考的隋代花园遗迹，俗称为隋代花园。园池创建于隋开皇十六年（596年），虽经历代修葺，但整个布局规模仍大体保持了隋代形貌。所谓绛守居者，即绛州太守居住之地，园池即其衙署的宅园。绛州太守梁轨经营此园时，也费了一番心计。首先是引鼓水入园，蓄水为池沼，然后相宜布置亭、台、楼、阁、小桥、孤岛、假山、堤岸等。园的西部为莲池，与蓄水池以渠相贯通，池南为回涟轩，池西有冬景

亭，周环翠竹。园的中心有一土丘横贯南北，通向静观楼。东侧叠石为山，有影壁、六角形拱门及春景亭、八卦亭、拙亭、燕节楼、望月台、苍塘风堤、孤岛等。宋代范仲淹曾有《居园池》诗云："绛台使君府，亭台参园圃。一泉西北来，群峰高下睹。"此外，还有一篇园池的"涩文"使人难以解释，可见这一园池的引人注意了。

唐末五代十国分立，战乱频繁，然而一些帝王仍然不停享乐，继续营建宫苑。如前蜀王衍所起之宣华苑，苑内有重光、太清、会昌、会真之殿，有迎仙之宫，有降真、蓬莱、丹霞之亭，有飞鸾之阁、瑞兽之门等。

（五）堆山叠石艺术的高潮，宫苑南北争丽的宋、辽、金、元时期（960～1368年）

宋代虽然结束了五代十国的分裂局面，但并未统一全国，辽、金先后统治北方，南北对立长达三百余年。这时期的造园活动，除了继续经营帝王宫苑和私家园林之外，在造园技法上，堆山叠石发展到了高潮。以宋徽宗所营万寿山艮岳为代表的堆山叠石作品，是我国造园史上的杰作。宋室南迁，汴京宫苑被毁，南宋朝廷又在临安（今浙江杭州）大修宫苑。金迁都中都（今北京），又起琼华岛，开西华潭（今北京北海、中海），南北争胜。元建都大都（今北京），以太液池为中心，宫殿环池修建，更进一步把宫和苑结为一体，在园林布局和造园技法上也有了很多创造。太湖石除了作为堆叠高山深洞的原料之外，还被大量作为单独观赏的玲珑石，自宋以至于明清，相传不衰，有些名石甚至被写入了帝王的书画卷，有些则相传千年，至今仍然保存于世。

诗画园林，自唐以来，时隐时出，到了元代，以画家倪瓒（倪云林）为代表，自己参加设计园林，出现了许多富有诗画意境的作品。苏州

北京北海琼岛

狮子林即是倪云林按照他所绘图画的意境而建造的，历代虽有修改，但遗意尚存。

宋太祖赵匡胤以黄袍加身的兵变形式，夺取了皇帝位，未引起战火，因而汴梁宫殿园苑仍被继续使用，随着政权的逐步巩固，又相继营建了许多园苑。宋代初期有四园，分别为琼林苑、宜春苑、玉津园和金明池。玉津园是五

代后周时期所开，琼林苑、宜春苑为宋太祖时所经营，金明池则为宋太宗时开辟以练习水上游戏之用。现存天津艺术博物馆的一幅《金明池争标图》是宋代的写实之作，十分名贵，从图上可看出当时水上游戏的壮观场面。宋太宗早年的宅园奉真园，起初并未经营十分华丽，曾经还置有村居野店，宛若深山大泽坡野之间的景象。

到了宋徽宗时，这位以书画著称的皇帝对园林山石十分爱好，着意玩赏，还画了许多玲珑山石，并题记赋诗。现在故宫博物院所藏的一幅《祥龙石》就是他的作品之一。在这样一位既有书画文才，又有园林山石爱好，更具有无上权力和巨大财力的皇帝的着力经营下，一座空前精美的园林——万寿山艮岳出现了。然而由于在建园过程中，劳民伤财，所谓"花石纲"给人们带来极大的灾难，激起了人民的反抗。金兵乘机南下，二帝被俘，国都沦陷。这一园林杰作不久即被拆毁，精美太湖石转运中都，装点了琼华岛。关于这一园林的情况，有宋徽宗自己所作《御制艮岳记》和张昊等人的《艮岳记》及许多诗赋文章，描述甚详，为研究这一园林提供了重要的文献资料。张昊《艮岳记》上说：徽宗登极之初……自后海内乂安，朝廷无事，上颇留意苑囿。政和间，遂即其地，大兴工役，筑山号"寿山艮岳"，命宦者梁师成董其事，时有朱勔者，取吴中珍异花木石以进，曰"花石纲"，专置供奉局于平江，所费动以亿万计，调民搜崖剔薮，幽隐不置，一花一木，曾经黄封，护视稍不谨，则加之以罪。断山堕石，虽江湖不测之渊、力不可致者，百计以出之，至名曰"神运"。舟楫相继，日夜不绝……大率云壁、太湖诸石，江浙奇竹异花，登莱文石，湖汀文竹，四川佳果异木之属，皆越海渡江、凿城郭而至……府库之积聚，萃天下之伎艺，凡六载而始成，亦呼"万岁山"。奇花美木，珍禽异兽，莫不毕集。飞楼杰观，雄伟瑰丽，极于此矣。

宋徽宗的《艮岳记》还详述了这一园林修建经过和园林的布局与景色：园内雕栏玉槛，岗阜连绵，有外方内圆如半月的书馆，有屋圆如规的八仙馆，有承岚昆云之亭，有龙吟之堂，有揽秀之轩，有倚翠楼、跨云亭、三秀堂、巢云阁、环山馆等，建筑造型别致，结构特异。寿山嵯峨，两峰并峙，列嶂为屏，瀑布下入雁池，池水清波涟漪，凫雁浮泳水面……而东南万里，天台雁荡、凤凰芦阜之奇伟，二川三峡云梦之旷荡……美未若此山。并包罗列，又兼其绝胜……山在国之艮，故名之曰艮岳。李质和曹组的《艮岳百咏》诗，还分别描述了园中 100 处突出的

景点与建筑物，为这一建成不久即被毁掉的园林佳作留下了丰富的史料。

金明池和琼林苑也是北宋京城极其精美的园林。现存一幅宋代画家所绘《金明池争标图》描绘了金明池的园林建筑和水戏的生动场面。

北宋时期的私家园林，以洛阳为盛，曾任宰相的富弼在辞官之后，用 20 年的时间，自己规划经营了一所精美的宅园。其中亭台花木独运匠心，逶迤曲直，清爽深密。宰相文彦博的东园则以烟水渺茫、视野广阔著称，泛舟游览其间，如在江湖之中。此外，还有董氏东园、西园、丛春园，苗帅园，赵韩王园，李氏仁丰园，紫金台张氏园，水北胡氏园、独乐园等。唐代的两座名园——白乐天的大宁寺园和裴度的湖园在北宋时期也还保存着。关于北宋时期洛阳园林的情况，《洛阳名园记》一书作了详细的记载，为我们今天的研究提供了珍贵的历史资料。

宋高宗匆匆南迁，还未及定都，暂至金陵（今江苏南京）的时候，就经营御园、八仙园。建炎三年（1129 年），将杭州作为临时的首都，改名为临安府。南宋王朝在此建都达 140 多年之久，兴修了大量宫殿园林。时人吴自牧所写的《梦粱录》、周密的《武林旧事》、周淙的《临安志》以及西湖老人的《西湖老人繁胜录》等书都对此作了详细的记载。《梦粱录》上描写临安宫殿时说："大内（即皇城）正门曰丽正，其门有三，皆金钉朱户，画栋雕甍，覆以铜瓦，镂镌龙凤飞翔之状，巍峨壮丽，光耀溢目。"在望仙桥东又有德寿宫，宫内有梅堂、酴亭、芙蓉岗、木香堂、郁李花亭、荷花亭、木樨堂、牡丹馆、海棠大楼、椤木亭、清香亭等，是一处以园林为主的宫殿。宫中栽种了菊花、芙蓉、修竹、梅花等花木，并且还开了一个大池沼，引水注入，叠石为山，以仿效飞来峰之景。在清波门外有聚景园，嘉会门外有玉津园，钱湖门外有屏山园，钱塘门外有玉

北京颐和园之晨

壶园，新门外有富景园，葛岭有集芳园，孤山有
延祥园。此外，还有琼华园、小隐园等，均与湖
山结合，相宜布置。

　　至于王公贵戚、富贾豪绅园林和寺观园林
错落布置于西湖岸边、山峦脚下、城市之间者，
不计其数，如王氏富览园、张氏北园、杨府秀
芳园、张府珍珠园、北山集芳园、净慈寺南翠
芳园、三茅观东山梅亭、庆寿庵褚家塘东琼花
园、下天竺寺园、昭庆寺后古柳林等。南山庆
乐园内有十样亭榭，工巧无二，俗谓之鲁班所
造。射圃、走马廊、流杯池、山洞等堂宇宏丽，
野店村庄，装点时景，观者不倦。从以上情况
我们可以得知，整个杭州的湖山在南宋时已经
是一处大园林了。意大利的马可·波罗在其游
记中曾经描写杭州宫苑说："宫殿规模之大，

在全世界可称最……垣内花园，可谓极世界华
丽快乐之能事，园内所植均为极美丽之果树，
园中有喷泉无数，又有小湖，湖中鱼鳖充斥。
中央是为皇宫，一宏大之建筑也……"由此也
可以证明，《梦粱录》、《武林旧事》等书中
所说杭州园林盛况是真实的。

　　辽、金园林，文献上记载较多的是今天北京
北海、中海的前身。从辽代开始，这里成为帝王
郊苑的中心。936年，契丹族建立了辽朝，次年
把幽州改为南京，开始修建宫殿和苑囿。辽南京
的宫城在现在北京广安门南侧。在城内除了建临
水殿、内果园、栗园、凤凰园、柳园等宫苑外，
还选择了城东北郊外距城数里的水池水岛处修建
离宫瑶屿，就是现在北海的琼岛和北海水面。

　　天德五年（1153年）金建都中都后，即大

力营建宫殿园苑。在宫城内建了鱼藻池、鱼藻殿，作为游乐和赐宴群臣之处。广乐园是射御和打球的地方。此外，还有瑶光殿、香阁、凉楼等建筑。金世宗时期（1161～1189年）着力经营了琼华岛，当时这里有大宁宫（后更名宁寿宫、寿安宫、万宁宫），还有琼林苑，苑内有横翠殿、宁德宫（大约在今景山的位置）。西园（即今北海的位置）有瑶光台及瑶光楼。为了堆叠琼华岛上的假山，专门派人拆下汴京寿山艮岳的太湖山石运到岛上。现在岛上还保存有当时的遗物。为了运送这些山石，费了不少劳力。据文献记载，当时曾下令沿途州、县可以把运送粮米的差役改运山石，所以人们把这些山石称作"折粮石"。

当时的中都还有不少的园子。城南有建春宫及南苑，又有东苑、西苑、北苑、后苑、芳苑、瑞云楼、环秀亭等。

公元1260年冬天，蒙古汗忽必烈从都城和林来到中都，因为大都金代宫殿已经毁于战火，他只好住在东北郊外的大宁离宫。他见到琼华岛上建筑精巧，花木茂盛，山石奇特，风景优美，四周又是绿水环绕，确是一个很好的所在。较之已被焚毁的中都遗址，在自然条件上优越许多，不仅可以享受优美的风景，而且还有可以供给城市使用的水源。于是把都城向北稍移了几里，这便是元代的大都。琼华岛和太液池成了大都皇宫的中心。

大都宫殿布局，可以说是我国历代帝王宫殿与园林结合得最紧密、最完整的例子。它以琼华岛和太液池（今北京北海、中海）为中心，三组宫殿建筑群环绕着太液池而建，最大的一组叫大内，是上朝和皇帝居住的地方，即今北京故宫的位置。大内之北还保存了一片庞大的绿化地带，并养育一些珍禽异兽，称之为"灵圃"。池的西北、西南分建了隆福宫和兴圣宫，作为太后和太子居住的宫殿，与大内鼎足而立。宫宇四周广植

花木，点缀山石，并有亭榭回廊把宫殿、楼阁连为一体。三组宫殿外建有一道20里的萧墙。这一范围即相当于明、清皇城区的位置。

关于这一宫殿园林组群的情况，元代陶宗仪的《辍耕录》和明初萧洵的《元故宫遗录》描写得非常清楚。萧洵官至工部郎中，负责管理皇家的工程。洪武元年（1368年），奉皇帝之命从南京（当时明朝的首都）到元大都拆毁元朝的皇宫园苑。他看见元朝的宫殿门阙、楼台、殿宇非常美丽深邃，门窗、栏杆、屏风、帷帐金碧辉煌，园苑中植满奇花异卉，并有丘峰山石罗列，园林建筑高低错落，即所谓"自近古以来未之有也"的佳境。现引他关于琼华岛、海子（即太液池）园林建筑的记录一段于下："海广五六里，架飞桥于海中，西渡半起瀛洲圆殿（即今团城），绕为石城，圈门散作洲岛拱门，以便龙舟往来。由瀛洲殿后北引长桥，上万岁山（即琼岛）高可数十丈，皆崇奇石，因形势为岩岳……幽芳翠草纷纷与松桧茂树荫映上下，隐然仙岛。少西为吕公洞，尤为幽邃，洞上数十步为金露殿。由东而上为玉虹殿……交驰而绕层槛，登广寒殿。殿皆绕金朱琐窗，缀以金铺，内外有一十二楹，皆绕刻云龙，涂以黄金……山左数十步，万柳中有浴室，前有小殿。由殿后左右而入，为室凡九，皆极明透，交为窟穴，至迷所出路……自瀛洲西度飞桥上回阑，巡红墙而西……新殿后有水晶二圆殿，起于水中，通用玻璃饰，日光回彩，宛若水宫。中建长桥，远引修衢，而入嘉禧殿。桥旁对立二石，高可二丈，阔止尺余，金彩光芒，利锋如剑。度桥步万花，入懿德殿……由殿后出掖门，皆丛林，中起小山，高五十丈，分东西延缘而升，皆崇怪石，间植异木，杂以幽芳。自顶绕注飞泉，崖下穴为深洞，有飞龙喷雨其中。前有盘龙相向，举首而吐流泉，泉声夹道交走冷然清爽，又一幽回，仿佛仙岛。山上复为层台，回阑邃阁，高出空中，隐隐遥接广寒殿。"

关于飞龙喷雨、蟠龙相向吐流泉及山上水景的水源，在陶宗仪的《辍耕录》中有详细的记述："万岁山在大内西北，太液池阳，金人名琼花岛……其山皆以玲珑石叠垒，峰峦隐约，松桧隆郁，秀若天成。引金水河至其后，转机运，汲水至山顶，出石龙口，注方池，伏流至仁智殿后，有石刻蟠龙昂首喷水仰出，然后由东西流入太液池。"这种方法与现代水塔的原理是相同的，即把水用机具提至高处，然后造成水压，用管道将水引向低处喷流。

太液池中的万岁山、圆峤、犀山台三处岛屿，继承了海中三神山的布局方法，万岁山（琼华岛）即为蓬莱。圆峤（即仪天殿）在萧洵的记叙中已直称为瀛洲。犀山台即是方丈了。

除了大都城内宫苑外，元代还经营了南苑，方一百六十里，苑内有按鹰台，台旁有三海子。又在西郊经营了香山、玉泉山行宫，并疏治了瓮山泊，即今颐和园昆明湖。

圆明园四十景图

北京北海琼岛西侧

元代的私家园林在大都有松园、万春园、杏花园等。江南园林中,现在尚存遗迹而又有文献可寻者,首推苏州狮子林。狮子林为元代画家倪瓒(号云林)所设计。倪云林善画山水,并广游湖池、山水。其设计与自然景色相融合,达到了很高的造诣。狮子林以假山叠石著称,园中石峰林立,山洞幽深,加之古柏苍松掩映,更觉景色奇美。因石峰中许多状似狮子,故以之命名。

(六)中国古典园林的晚期造园高峰——明、清时期(1368 ~ 1911年)

中国古典园林建筑艺术经过了二千多年的发展,到了明清时期,在园林布局、造园技法及鸟兽养育、花木培植等方面都达到非常成熟的地步,造园艺术家辈出,加上封建社会的经济也发展到了高峰,为大量的造园活动提供了物质和技术的条件,因此出现了我国历史上晚期造园的高峰,留下了许多不朽的园林佳作。今天保留下来的古典园林实物大多是这一时期建造的。

明清时期园林艺术的成就主要表现在以下几个方面:

1. 造园理论技法之总结

二千多年来,我国的园林设计师、造园工匠们在实践过程中不断总结经验,创造出了许多设计理论与造园技法。这在明以前的历史文献和诗赋文章中屡见不鲜,但作为造园的专著,则是从明代后正式出现的。其中首推明代崇祯七年(1634年)计成所著的《园冶》一书。全书共三卷,按相地(选址)、立基(打基础)到屋宇(房屋建筑)、装折(栏杆装修等)、墙垣、铺地、掇山(假山堆叠)、选石、借景等分为10篇。其中尤以掇山、选石两篇为计成实践经验之总结,有很高的造诣。该书详细叙述了各种园林建筑与地势相

配合的假山,如园山、厅山、楼山、阁山、书房山、池山、内室山、峭壁山以及山峰、冈峦、悬崖、幽洞、深涧、瀑布、曲水、池沼等各种景观的布置方法及太湖石、昆山石、黄石、灵璧石等材料的选用,是我国古代最为完整的一部造园专书。此外,如明代文震亨的《长物志》、清代李渔《一家言》中也有关于造园理论及技术的专门内容。至于散见在各家的散文、游记、诗词歌赋中的造园理论与记叙就非常之多了。

2. 造园名家辈出,造园工匠继起

理论来源于实践,实践又丰富了理论。明清时期的造园大师甚多,并有较详细的记载,而且他们的作品大部尚存,可以相互参证。明代叠石造园名家首推米万钟。米万钟是陕西安化人,后随父落籍宛平(今北京),为著名画家米元章之后,善绘园景和山石,是著名山水画师。其性好奇石,故又名"友石"。他一生设计经营了许多园林,均在北京的近郊。漫园在德胜门外积水潭东,内有三层高阁。勺园在海淀,园大百亩,穿池叠山,长堤曲桥,丘壑亭台棋布。湛园为米万钟的宅园,有石丈斋、石林仙馆、竹渚、饮光楼、猗太等景。南方造园名家则以计成为魁首。计成为江南吴江人,字无否,生于万历七年(1579年),善画,好收集奇石,并且能以画意设计修筑园林。他替别人设计了许多园子,自己也经营园事。他最大的贡献是以其绘画和艺术修养并结合自己的造园实际经验写成了《园冶》一书,总结了我国二千多年来的造园理论与技法,是我们今天研究古代造园艺术的重要文献资料之一。清代的张涟、张然父子亦是一代造园名家,尤以叠石著称。张涟号南垣,少年时候曾学绘画,以画人物肖像和山水见长,并以所绘山石的意境叠山造园。50余年里,他在江南诸郡设计营建

了许多园林。由于经验丰富，造园的时候，胸有成竹，山石、花木的位置，一放而成，犹如按图施工一样。张然为张涟之子，继其父业，后来在宫廷中服役，长达30多年。北京的中南海瀛台、玉泉山静明园、圆明园以及王公大臣们的许多园子都出自其手。张氏一家均操此业，时人称为"山子张"。浙江钱塘人李渔，字笠翁，善诗画，尤长于园林建筑，曾在北京紫禁城东北弓弦胡同筑半亩园，叠石垒土，导泉为池，池中建水亭，通双桥，平台曲室，幽静与平旷相间，为北京园林的佳作。除此之外，他还经营了伊园，晚年又筑了芥子园，并写了一本名

苏州狮子林湖石假山

苏州网师园水景

叫《一家言》的书。他在书中的"居室部"中，对园林建筑有精辟的阐述。常州人戈裕良对园林亭台池馆的设计有很高的成就，尤以堆叠假山技艺为最。他用不规则湖石、山石发券成拱，坚固不坏。在苏州、常熟、如皋、仪征、江宁等地有他修筑的许多名园。

此外，还有明代北京的高倪、江苏的林有麟及浙江杭州有名的因叠山见长的"陆叠山"。清康熙时营造畅春园的青浦人叶洮、广西梧州人道济、会稽人周师濂、江西人王松、广东潮阳人陈英猷、广州长寿寺僧大汕、扬州青年叠石家仇好石等也都是当时的造园名家。

3. 外来因素的吸收

在中国建筑发展的几千年中，各地区都在不断交流，相互融合，互为补益。自公元1世纪前后中国与欧亚各国发生交往以后，即不断吸收外来的建筑因素，丰富自己的内容。古塔即是吸收印度等国建筑艺术因素不断创造发展的范例。中国园林艺术同样在不断吸收外国的东西，塔早已成了园林重要的组成部分。自明清以后与国外的交往更为密切，西方音乐、美术、建筑等相继传入我国，首先是在宫苑中采用。最有名的是圆明园中的海晏堂、线法山、谐奇趣、万花阵、远瀛观等被称为西洋楼，其

北京颐和园画中游西望

建筑特点是将欧洲当时盛行的巴洛克建筑艺术与传统的手法相结合。由于这些西式建筑是以石雕砌筑，不易为火所焚，因此，经过1860年和1900年两次侵略战争，至今还留有残迹。

其他宫苑和私家园林，在明、清时期虽然也吸取了西洋园林的一些技法，但因为中国园林有着深厚的传统、独特的风格，外来因素或被融合，或被同化吞噬，逐渐中国化了。

4. 集景式园林的大量发展

中国古代园林规模宏大，兼包并蓄，移天缩地，但发展成集景式园林，以集景的方式把各地美景（包括现成的名园）搬入园内，集天下名园之大成，只是到明清时期才算是发展到了高峰。其中又以清康熙、乾隆两朝所经营的几处大型宫苑为甚。康熙和乾隆都是在位60年以上的皇帝，又值王朝的前期，政治、经济基础比较好。他们多次巡游江南，饱尝了江南的秀丽山川和苏、杭等地的湖山景色及园林。其经营的皇家园苑多仿建江南景色。如圆明园中的100多处景色，大多仿自江南。其中有仿照杭州景色的"断桥残雪"、"柳浪闻莺"、"平湖秋月"、"雷峰夕照"、"三潭印月"，有仿照宁波天一阁藏书楼的"文源阁"，仿照桃花源的"武陵春色"等。清漪园（今北京颐和园）中的西堤六桥是仿照杭州西湖的苏堤而布置；谐趣园是仿江苏无锡惠山寄畅园而建造，是园中之小园；十七孔桥是综合了卢沟桥与苏州宝带桥的特点而建成；南湖岛上的涵虚堂（原望蟾阁）是仿照湖北黄鹤楼而建；后湖苏州街及西岸临河街市则把苏州的城市街景也搬来了。河北承德的避暑山庄同样采集了许多江南园林景色，如芝径云堤是仿杭州西湖苏堤而筑，烟雨楼是仿嘉兴南湖烟雨楼而建，金山是仿镇江金山景物而建。另外，万树园中还模拟蒙古草原的意味布置了草原景色。集景式园林，是清

北京圆明园西洋楼遗址

北京颐和园谐趣园

北京北海静心斋

代大型宫苑通常采用的一种布局手法，也是这一时期造园的特点和成就之一。

5. 园林艺术向精深完美发展，达到造园艺术的高峰

明清时期的造园艺术实际上是总结了几千年来的造园经验，殷周以前那种主要利用自然山水林木、湖池鸟兽的原始囿圃和秦汉时期动辄数百里的苑囿被缩小了。因为那种宫苑不可能密布建筑物或经过人工培植的花木，多半是空野的山川和自然林木，就连宫殿也是比较疏落的。像杜牧《阿房宫赋》中所说的五步一楼，十步一阁，也只能是在主线上而不是全部。魏、晋、南北朝、隋、唐那种上百里的宫苑，与今天的颐和园、圆明园的建筑密度以及假山花木的密集程度相比，也相差很远。明清时期的园林中建筑物的密度大大增加了，叠山艺术也发展到高峰，那种数百里范围的空野占地情况已经非常少见。这是历史发展的必然。在早期社会里，人口稀少，土地较多，奴隶主和封建帝王可以大片占用土地，作为禁区，如西安的八百里秦川几乎被秦汉时期的宫苑占领。随着社会的发展，人口增长，土地价值提高，已不能像早期那样几百里占地了。更为重要的一个原因是园林艺术本身的发展。例如叠山，从主要是真山发展为假山，从稍加点缀发展为模仿缩写，在整个布局上形成了"小中见大"、"咫尺山林"、"似有深景"、"作假成真"、"虽由人作、宛自天开"的艺术效果。大量施展人工的创造，在较小的范围内，营造出深邃、宏阔、多景的效果，如清代几处大型宫苑圆明园、清漪园、避暑山庄等，周围也不过20里左右而已。江南园林更是在很小的范围内，想尽一切办法创造更大的天地、更多的景色。

中国园林艺术中的"借景"和"移步换景"表现手法，也是在明清时期发展成熟的。园林范围缩小了，园林密集了，彼此之间的关系均要加以周密的考虑。对园里、园外各个景点有机地加以布置，使园林达到了很高的艺术境界。

明清时期园林的实物，今天还有大量的遗存，中国现存大部分古典园林多是这一时期的遗物，其中更多的是清代的遗物。这些明清时期的园林分布于全国各地。按照这些园林的所在地点、用途和功能以及造园艺术的特色，大致可分为以下几种：

(1) 宫苑——皇家、王府园林

主要是皇室的园林，它们大多数与上朝的宫殿或寝宫结合在一起。如北京的北海、中南海、圆明园、清漪园（颐和园）、静明园（玉泉山）、静宜园（香山），承德的避暑山庄（亦称热河行宫、承德离宫）等，还有附建在皇宫（紫禁城）

北京北海静心斋爬山廊

北京故宫乾隆花园假山亭榭

内的御花园、乾隆花园、慈宁花园、西花园等。这些宫苑的修造集中了大量的财力、物力，是园林建筑的重要组成部分。

(2) 宅第园——私家园林

宅第园是附属于某一大型住宅的园林。有些大型的宅园，把居室住宅建于园林之中，称为"园居"，即是居住在园林之中。这种宅第园分布于全国各地，数量很多，其中有不少艺术价值极高的作品，如北京明代画家米万钟所营漫园、勺园、湛园，高倪所营桂杏农宅园，清李渔所营半亩园，苏州的拙政园、留园、网师园、怡园，扬州的个园、何园，如皋的文园，江宁的五松园等。

(3) 坛庙、祠馆园林

我国昔时从帝京到各州、县、乡、社大都建有坛庙和祠堂、会馆等建筑物。在这些建筑物中，多附有园林或庭院缀景，也是我国园林遗产重要的组成部分。现在保存下来的实物大多是明清时期的，如北京的社稷坛（中山公园）、天坛、地坛、日坛、月坛、孔庙等。园中不仅有假山亭榭，而且还有大片林木，是城市的风景和绿化的重要组成部分。四川成都的杜工部祠（杜甫草堂）、眉山的三苏祠（苏轼父子祠）等，就是把祠宇融合在一起的园林，艺术水平甚高。

苏州拙政园梧竹幽居亭

(4) 书院、书楼、书屋园

我国古代对学习、写作和藏书均非常重视，自天子的太学及州府县都设有学。民间办学，历史悠久。读书写作均需良好的环境，太学辟雍、孔子授徒的杏坛均环水、泮水，有林木相依，徐渭的青藤书屋、蒲松龄的书斋，在很小的地方，也要点缀山石林木，凿池水，尤其是一些书院，选择山水优美、林泉清静之地，相互布置，达到了很高的造园意境。

(5) 寺观园林

这种园林是在寺观边或寺观后部布置的园林。明清时期的寺观园林现在还有许多珍品保存下来，如北京碧云寺的水泉院、万寿寺、潭柘寺、白云观，承德的须弥福寿之庙、珠源寺、殊像寺等。其中尤以殊像寺的假山玲珑宏丽，极为罕见。此外，江苏苏州戒幢寺西园，扬州大明寺东园，浙江杭州灵隐寺，四川成都的文殊院、青羊宫等，也都堪称佳作。

(6) 陵墓园

历代帝王和王公贵族，均重视对陵园和墓园的营造，而且均选址在林木繁茂、风水俱佳的"风水宝地"，并在其中建造祭祀建筑物和墓冢，广植青松翠柏、鲜花绿草。许多陵园和墓园规模很大，有的达数十平方公里的范围。许多帝王陵园和墓园均选择依山傍水的地方，其本身就是一处自然与人文交织的美好景观。

(7) 山水胜景园林

这种园林属于开敞式的，往往与城市或村镇融为一体。它由许多风景点、寺观、楼台、亭阁、堤、桥等组成，虽然事先并无一定的全面布局，但长期的历史过程中，历代的经营者和营建园林的匠师们在前人的基础上，相宜布置，遂形成了完整的格局。如杭州的西湖，扬州的瘦西湖，济南的大明湖，北京的西山，安徽的黄山、九华山，四川的峨眉山，甘肃兰州的五泉山、白塔山，广西的桂林漓江、桂平西山，苏州的灵

山西五台山佛寺

湖南岳麓书院入口

北京香山碧云寺

河北清东陵神道

扬州瘦西湖五亭桥

岩、天平，连云港的云台山及著名的泰山、华山、衡山、嵩山、恒山等五岳，都是经过2000年的时间相继经营的。这种大型湖山园林，是中国园林艺术中的一种重要类别。

二、独具特色的造园艺术

中国三千多年悠久的造园历史，造就了精湛而又独具特色的造园技术与艺术。我国丰富深厚的思想文化内涵，对造园技艺有很大影响，是形成中国独具特色的古典园林的重要原因。我们从现存众多的古园林中，不难看出中国悠久深厚的思想文化内涵，对造园艺术所起的作用。

（一）"天人合一"、"黄老学派"与崇尚自然的传统哲学思想对造园艺术的影响

人类对自然界的认识和对人类社会的认识是人类生存发展以及人类社会与自然界协调发展最关紧要的事。如果违反了自然的规律，破坏了自然的法则，必将受到惩罚，甚至危及人类的生存。这是当今世界有识之士、专家学者为之振臂高呼的特大课题。环境的保护、人类本身的控制增长等应是头等大事，也就是人类与自然的协调发展。

我国对于自然界与人类社会协调发展的认识，起源很早，已有几千年的历史，而且内容丰富，博大精深。在春秋战国时成书的《周易》（亦称《易经》）之中的"天人感应"、"道出于天"等核心内容，即认为人类社会是广大自然界的一部分。孟子认为"尽其心者，知其性也。知其性，则知天矣"，就是说人的心、性与天本为一体，是相通的。汉代董仲舒更进一步提出了"天人之际，合而为一"的主张，逐渐形成"天人合一"的哲学思想。

到了宋代经过张载、程颐、程颢、朱熹等人的进一步发展，"天人合一"的哲学思想推向了

又一个高峰。张载正式提出了"天人合一"观的哲学命题。这时的"天人合一"观的主要内涵是：

1. 人类是天地的产物、自然界的一部分

张载的《西铭》说："天称父，地称母，予兹藐焉，乃混然中处"，明确肯定了人与自然的相互关系。

2. 自然界有普遍的规律，人也要遵循自然的规律

张载《正蒙·参两》中说："若阴阳之气，则循环迭至，聚散相荡，升降相求，絪缊相揉，盖相兼相制，欲一之而不能，此其所以曲伸无方，运行不息，莫或使之。"这就是阴阳相互作用、相互推进之理，自然界与人类相互依存的规律。

3. 人性即天道，道德与自然规律也是一致的

张载的《正蒙·太和》说："性与天道云者，易而已"、"道未始有天人之别"，都肯定了天道与人性的同一性，也就是自然界与人类相辅相成的性理。

4. 人生的理即是天人的协调

这是《易经》上早已提出的"范围天地之化而不过，曲成万物而不遗"的理论。张载、程颐都同意这一观点。

总的说来，"天人合一"这一哲学思想，讲的就是人与自然界的关系，希望能化解矛盾，达到和谐统一，因而今天又引起了人们的极大重视。恩格斯在《自然辩证法》中说："我们一天天地学会更加正确地理解自然规律……人们愈会重新地不仅感觉到而且也认识到自身和自然界的一致，而那种把精神与物质、人类与自然、灵魂和肉体对立起来的谬误的、反自然的观点，也就愈不可能存在了。"

当然，由于历史的局限，在几千年的发展过程中，"天人合一"的观点体系由于历史的局限也必然地掺杂了不少唯心主义的观点。这是可以理解的，但这并不影响其重大的历史作用。我们今天则是把它进行科学的分析，继承其光辉的思想。

另一种对中国古代园林艺术产生重大影响的思想是道家学派的神仙境界。它与儒家学派的观点理论有异曲同工之妙。儒道两家本为中国传统思想文化中的孪生兄弟，也都是产生于春秋战国时期。道家的清静无为、修身养性、返璞归真、回归自然的理想，对中国古代造园艺术同样起到十分重要的作用，有时比"天人合一"更为具体、更为直接。许多古园林的造园意境和手法都来自道家思想。《庄子·齐物论》上的"天地与我并生。而万物与我为一"的观点与"天人合一"的观点并无多大差别。

其实，中国古代造园本来就是从依存于自然的动植物生态和自然的山川河岳而开始的。早期的园、苑、囿、圃等，就是种植花木蔬菜和养育禽兽的地方，而且规模很大，主要都是利用自然的山川地形来营造的。战国、秦、汉时期出现的以封建帝王为代表的寻求"长生不老"之术的理想追求，为造园理论与技法又增添了新的内容。相传在东海之中有蓬

133

山西五台山佛寺

安徽黄山

莱、方丈、瀛洲三座神山，为仙人所居，并有长生不老之药。秦皇、汉武都为了寻求长生不老之药派人入海以求，虽然没有寻来长生不老之药，但却萌发了在大地上人工营造"神仙境界"的构想，为造园艺术开创了一个极为重要的布局与手法，出现了"人间仙境"、"仙人共一"的意境。

佛教传入我国，又丰富了我国传统哲学思想内容。佛教的"禅机悟道"、"隐性止欲"等理论和佛教经典中的"极乐世界"理想以至具体的佛教故事，也都影响到造园艺术的发展，出现了许多优秀的寺院类型的园林，为中国造园历史与造园艺术增添了新内容。佛塔几乎成了历代各家园林中置景和借景的重要对象。受各种外来文化因素的影响，清代乾隆时期经营圆明园的时候，还把当时欧洲兴起的巴洛克西洋建筑风格引入了圆明园景区之内。这说明了我国古典造园艺术对外来文化吸收的重视。

这里还必须提出的是我国传统文化中的文学艺术尤其是诗词书画对造园艺术的影响尤为突出。优美的园林景色、自然风光、天工人巧的奇观为诗人、画师提供了创作的源泉。王勃"画栋朝飞南浦云，珠帘暮卷西山雨"这样的佳句，如果没有像滕王阁这样的雄伟精美建筑触发是无法写出的；李白的"云想衣裳花想容，春风拂槛露华浓"，如果没有沉香亭这样的帝王宫苑也是无从写起的；晋代展子虔的《游春图》，如果没有优美的湖山景色和山村寺院景物也无从画起；宋代传为张择端所画的《金明池争标图》完全是帝王宫苑的写照之作。反过来，园林胜景又借诗赋文章、丹青画幅的意境和艺术形象加以营构，两者相辅相成，相互争辉。宋徽宗以"花石纲"采来了"祥龙石"，并以它的画笔绘下了"祥龙石"的图像。唐、宋、元、明、清历代诗人、画家参加了园林的营造，又把诗画园林推向了中国古典园林造园艺术的一个高潮，其影响之深，不言而喻。

（二）园林景观的布局营构

景观、景区、景点的营构，是中国古典园林造园艺术精粹之笔，所体现的景观、景点艺术水平之高下，是决定这一园林价值的关键。景观、景象、景区、景点虽不仅仅由建筑所组成，但它们都是园林总体规划设计的重要部分，是体现中国传统哲学思想与传统文化艺术内涵的重要因素。

景观、景点营构的思路很多，主要是要体现"天人合一"之哲理、"天工人巧"结合之高妙，形成一些原则性的规律，以造园技法去完成它。现举几种前人总结出的经验论点如下：

1．"步移景异"或"移步换景"

这是园林设计的重要思考因素。凡较大的园林，多系几个或许多个景区、景点组合构成。一个景区或景点是由建筑、山石、水泉（湖、池、流水等）、林木以及花草禽兽虫鱼等所组成。景区、景点有它们自己的观赏景面和观赏的角度，而每个景区、景点之间更有其相互的关系。造园家、设计师在布置营造景区、景点时就需要把它们之间的关系安排好，把好的观赏面、好的角度放在观景佳处，如厅堂月台、楼阁栏杆廊庑等处。这里园路、桥梁、游廊等游动观赏的地方非常重要。设计得好，可一步一景，景景有变化，步步有新景。

2．"小中见大"、"曲径通幽"

中国古园林在遵循传统哲学思想和文化艺术传统理论的基础上，几千年来不断总结出许多成熟的造园手法。"小中见大"、"曲径通幽"是其中的重要经验之一，这在小型的私家园林中尤为重要。所谓的"咫尺山林"即是要在很小的地盘上营造出一个在感觉上相对大的自然环境。福州有一个私家住宅，后面只有10平方米左右的地方，布置了一个有山、有水、有花木的小园，一些著名建筑师看了都为之赞叹。"小中见大"，不仅是小地盘，就是一些中型甚至较大的园林也在其中的某些部分采用，以力求尽可能扩大眼界和范围。"曲径通幽"在古代造园中是常常采用的技法，其立意是要为人们营造一个幽静的环境，通过曲折的路径，使人们从嘈杂的环境进入幽静之处。这在江南园林

苏州网师园水景

苏州留园曲廊

苏州留园漏窗

苏州拙政园借景景观

苏州环秀山庄叠石

中随处都可看到，有些园林在某一景区的入口处，还很明白地写出了"通幽"、"幽径"的匾额，以唤起游人的意识。

3."山重水复"、"柳暗花明"

为了使园林景色不至一览无余，有抑扬、节奏、变化，古典园林采取了许多种分离、联系的布局手法。陆游的"山重水复疑无路，柳暗花明又一村"本是对自然山村景色描写的诗句，古代造园艺术家巧妙地把它化为园林意境的手法，甚是高妙。当人们通过一段曲折、封闭的行程，"忽然开朗"的景色出现在眼前的时候，会突然喜出望外，精神为之一振，视野为之一开，确有一番新的喜悦。尤其是一些大园林常常采用这种办法。如北京颐和园，游人从东宫门进入后，一片整齐对称的宫殿、廊院、围墙，心胸正在有些倦意时，绕过仁寿殿来到昆明湖边，看到广阔的湖面、雄伟的西山，顿有心怀开阔之感。在大型园林中还有"园中园"的手法，也能起到这种效果。

4."巧于因借"

借景是中国古园林造园技法中十分重要的，也是很有中国造园特色的传统，它实际上是一种体形环境空间关系美学的范畴。明代造园家计成在他的名著《园冶》一书中总结出了"借景"的理论概念。清初造园学家李渔（笠翁）也在其《一家言》一书中论述了"取景在借"的思想。这一理论在我国早期的建筑环境关系美学特别是造园理论中已有了丰富的内涵，到明、清时期作总结与概括，是一个重大的贡献。计成关于园林借景的解释说道："借者，园虽别内外，得景则无拘远近。晴峦耸秀，绀宇凌空，极目所至，俗则屏之，嘉则收之。不分町疃，尽为烟景，斯所谓巧而得体者也。"

计成《园冶》中还把借景分为五种：（1）"远借"，指借远山远水、田园风光、名胜古迹、寺庙塔影、楼台亭阁等。（2）"邻借"，指借园内外邻近的景物，林木、山水、建筑物以及相邻的堆山叠石等。（3）"仰借"，指的是上部空间的变幻景色，如朝霞落日、碧落飞云、星月银河等。（4）"俯借"，指俯览池中荷莲、桥下流水、水里游鱼等。（5）"应时而借"，指的是四时花木、季节飞禽、中秋明月等。借景技法可称得上"但凭规划巧安置，得来全不费功夫"，所以计成总结说："夫借景，园林之最要者也。"

5."虽由人作，宛自天开"

这是中国古园林造园艺术中至关重要的一条，也是中国古代传统哲学思想与传统文化艺术精神的体现。从三千多年前的殷周时期主要以利用自然开始，逐步师法自然、崇尚自然、营造自然景观、移天缩地等，将天工人巧相融会。计成在《园冶》一书中以"虽由人作，宛自天开"两句话来总结概括了历史上多少年来的经验，关键在于人巧营造之景要如原来自然的景色一样，这样才能使人的身心产生接近自然、回归自然之感。如东晋简文帝入华林园时向左右随从诸人说："会心处不必在远，翳然林木，便自有濠濮间想也。"可见华林园的人工营造之景，已经使一个皇帝心情回到了自然山水之间的境地。南朝名士顾辟疆在吴下（今苏州）的园子"聚石蓄水，植林开涧，有若自然"。唐代著名的文学家柳宗元不仅对造园有着丰富的实践，而且在造园理论上也有着很高的见解。他在《永州龙兴寺东丘记》上说："游之适，大率有二：旷如也，奥如也，如斯而已。"意思是说，游览风景名胜、园林不外乎广阔的地方或幽静的地方两种。他对这两种景观的规划设计作了精辟的阐述，认为不管营造空旷或幽深的景观都必须按照它们原来的自然条件来规划设计，不能改变或破坏了原来的自然景观。他在实践中提出的"逸其人，因其地，全其天"的主张，

苏州网师园水景

苏州拙政园远香堂

充分说明了因地制宜、保存原来自然景观以及节约人力物力的重要性。

（三）园林建筑

中国古典园林内容极为丰富，集建筑、山石、水泉、林木花草、鸟兽虫鱼、室内外装修陈设等于一体，包含了体形环境艺术和文化传统的丰富内涵，可以说是人间最为优美的居住环境。然而这些丰富的园林内容中，建筑首推第一，它是其他各种内容的依托。因为山石、水泉、林木花草、鸟兽虫鱼等都是供人欣赏、游憩的对象，如果没有人的居处、停息的地方，也就不成其为园林了。

园林建筑主要包括总体的规划和各种功能、各种类型的建筑物，如楼、台、亭、阁、廊庑、桥梁、厅堂、馆榭以及宫殿、寺观、塔幢、宅第、街市等，有些园林甚至把长城、关隘等也仿缩园中，园林建筑可以说是集各种建筑类型之大成。

园林的总体规划，是营造一个自然与人工共同组合的居住、游息环境的第一步。须根据兴造理论结合实际的情况进行规划，把各种不同功能和不同类型的建筑与山石、水泉、树木花草、鸟兽虫鱼等有机地组成不同景色的景区或景点。园林的规模有大有小，景区景点的大小与多少也都由规模大小而定。此外还要根据园林的类别和性质而定。如帝王宫苑、王府、官署园林一般规模较大，景区景点较多。私家园林、寺观园林、祠馆、书院园林一般规模较小，造园的手法也因各种性质类型的园林而各具特点。

利用自然、顺应自然、仿造自然，天工（自然）与人巧结合是中国古园林的一个共同的特点。而且就是人巧也要达到天工的高度，正如计成《园冶》一书中所总结的"虽由人作、宛自天开"。所谓的"城市山林"、"咫尺山林"，就是不管你的规模大小、尺度大小，都要使之达到山林的自然境界。

由于中国古园林大多是以园主人的理想意志要求而兴建的，所以计成《园冶》中概括了一般园林规划设计"三分匠，七分主"的说法。这里所说的主指的是园的主人或他的代理人。如帝王的宫苑，其主人当然是帝王，但他们并不都懂园林造法，而由其代理人大臣和设计师们代为主持。大臣和规划设计师们当然要秉承帝王们的理想和意志。而对于具体的施工，计成更进一步说："第筑园之主，犹须什九，而用匠什一。"即是说，在造园中设计师占十分之九，施工匠人只占十分之一。他这里主要是强调了园林规划设计者的作用，以体现其思想与艺术水平。

园林建筑的尺度大小和景物的多少，当以其规模和等级而定，一般分为居住与活动功能和游赏休息两大部分。居住与活动功能这一部分多是整齐对称的形式，游赏休息这一部分则多为自由灵活、曲折变化的形式。这两部分有时相对地各自独立，有时结合于一体。如帝王宫苑，有的将其与皇宫分离，成为离宫别馆，也有的将宫殿纳入宫苑之中。例如北京圆明园、颐和园内即由上朝和居住的宫殿组成一个重要的景区，承德避暑山庄更是把宫殿区作为单独的景区安排在园林的重要部位。其建筑布局与形式都与宫殿一样，整齐对称，庄严有序。其他的宅园、寺观园林、祠馆园林等，其主体居住功能与活动区大多与住宅、寺观、祠馆等分开，或在宅前宅后，或在寺前寺后，根据地形条件来决定。坛庙、陵墓园林的建筑则与整个坛庙、陵园浑然一体，构成大片松柏常青、绿荫满地的山林气氛。

园林建筑中的游赏休闲部分，是造园艺术的重点，各种造园思想、造园理论、造园艺术手法都在这一部分体现。园林建筑的类型很多，造型变化丰富，今仅举几种常用而在游赏休闲功能上较为突出的建筑类型：

1. 厅堂

厅堂是园林设计中首先要考虑的建筑物。《园冶》上说："凡园圃立基，定厅堂为主，先乎取景，妙在朝南。"据古辞书《尔雅》解释："厅，所以听事也"，"堂，当也，谓当正向阳之屋"。可知，它们的作用在园中较为正规，一般为聚会迎宾之所。但因其在园林之中，又比较灵活而富变化，在功能上的一个特点，除议事迎宾之外，还要起观赏景色的作用，如荷花厅、四面厅、鸳鸯厅、远香堂等。荷花厅的前面布置了荷池，在厅堂之内或厅前月台上可观赏荷花。如果有远山或其他景点景色，隔池观赏远景更富情趣。四面厅在许多园林中都有设置，其功能是可从多方向观赏景色，并增加建筑本身玲珑空透的感觉。有的厅堂还在结构上增加轩、榭等形式，使之更加富有变化。

2. 亭台

亭台在造园艺术中是最常用的建筑。亭这个字的古义就是停止的意思，据《尔雅·释名》上解释："亭者，亦人所停集也，传转也，人所止息而去，后人复来，辗转相传，无常主也。"亭

苏州沧浪亭景观

的种类甚多，古时还有驿亭、邮亭、亭候等，也都是供人们停留止息之处。园林是供人们游息的地方，必须要有供人们停下来休息和观赏景色的建筑。有这样的说法："无亭不成园"，因而不管园子的大小，都要建上一个亭子才行。园林亭子的式样很多，从平面上看，有正方形、长方形、菱形、圆形、半圆形、扇形、三角形、双菱形、双环形、多角形等。从亭子屋顶上看，有庑殿、歇山、悬山、硬山、攒尖、单檐、重檐、多层檐等，可以说凡古建筑中的造型无所不取。园林建筑中之亭子不仅是停歇观览园内外景色景点的佳处，而且它们本身也是景色景点的重要组成部分。如北京故宫御花园的御景亭、景山五峰亭，不仅可以登临眺览，而且也构成了园林本身景色景点的"画龙点睛"之笔。

台，也是中国古建筑中历史悠久的一种类型，古辞书《尔雅·释名》上说："台者，持也。言筑土坚高，能自胜持也。"相传黄帝就筑有轩辕台，夏有钧台，周有灵台，春秋战国时期（公元前8～前3世纪）各诸侯国均以高台榭、美宫室来相夸耀。据《园冶》一书说："园林之台，或缀石高而上平者，或木架高而版平无物者，或楼阁前出一步而敞者，俱为台。"可知园林中的台主要有两种类型，一种是露台，可以登临台面眺览和举行活动，一种是作为建筑物和建筑群的基础，在园林中许多建筑物前都有宽广的"月台"，可供观赏景色和各种活动之用。

3. 游廊

游廊是园林建筑中不可或缺的一种类型，尤其是大型园林中不可缺少。有些园林因地盘小或其他原因所限，也要做成半廊和短廊。据古辞书《玉篇》上解释："廊，庑下也。"颜师古注释说："堂下周屋也。""廊庑"二字很难区分，常相连称呼，在汉代已经使用了。在园林中的廊，经常做成两面透空的形式以便于坐歇和观览周围的

景色，且根据地形的变化做成曲折回环、高低上下的布局。《阿房宫赋》中的"廊腰缦回"，生动地描写了廊子的婉转形象。还有贴水游廊、凌空飞廊、双面游廊等。廊子不仅有联系园林中各种建筑物，供游人停歇观赏、遮阳避雨的作用，而且为园林建筑、园林景色增添了很多美的成分。如北京颐和园的长廊，在步行廊中不仅可以观看廊子内外湖山景色，而且本身也成了万寿山前的一个重要景观。

江苏同里退思园退思草堂

4. 楼阁

楼阁是较大的园林中不可缺少的建筑，一般指高层的建筑。"楼"这一建筑形式很早就有了，据《说文》解释：楼，"重屋也"。"阁"，早期的用途本是门上的栓、止扉之用的构件，后来成了储物的屋室，又与楼相互通称。《玉篇》上解释说："阁，楼也"，因而在古代建筑中常将楼阁相连一起称呼，有时称楼，有时称阁。

苏州怡园复廊

楼阁，由于一般多是体量较大的高层建筑，在园林中占有突出的地位，或处于山石之高处，以观景色；或处于园林的后部，作为建筑布局的收结高潮。如北京颐和园万寿山佛香阁、承德避暑山庄金山上帝阁、苏州沧浪亭看山楼、拙政园浮翠阁、扬州何园后长楼等，它们都成了全园或园中一个景区的制高点。登楼一望，园内外景色奔来眼底，蔚然大观。楼阁不仅是游人登高凭栏放眼的佳处，同时楼阁本身也是园林最为突出的景观景点之一。

苏州留园明瑟楼

5. 桥梁

凡有水有池之处或山地沟壑之间，必要有桥梁加以联系。中国古园林必须有水，有"无水不成园"之说。因而，桥梁成了中国造园必须考虑的一种建筑物。古代桥梁的历史悠久，在五六千年前的原始社会后期就已经出现了。《竹书纪年》上说："舜命禹（公元前21世纪）疏川奠岳，

苏州拙政园浮翠楼

济巨海，鼋鼍以为梁"，这是一种堤梁桥，或称汀步、跳墩子，这是较原始的桥。此外还有独木桥、独石桥、梁桥、拱桥、绳索桥、浮桥等。园林中的桥有大有小，形式多样。《阿房宫赋》上的"长桥卧波，未云何龙"是一种大桥，现在颐和园中的十七孔桥也是非常长大的桥。一些小型园林中的桥很小，如杭州西泠印社园林的锦带桥不到一米长，被称之为世界上最短的桥，装饰点缀性很强。园林中的桥为了游赏的需要，曲折变化很大，艺术性较高，如故意做成曲折形，三曲、五曲、七曲、九曲等，为的是让人在桥上多停留观赏景色。还有凌空的廊桥（如苏州拙政园的小飞虹等），高耸的拱桥（如颐和园的罗锅桥），巧妙布局的扬州瘦西湖五亭桥等。在古园林中，桥梁起着十分重要的作用。

我国古园林中的建筑类型非常丰富，有亭、台、楼、阁、斋、堂、轩、馆、屋、榭、庐、舍、塔、幢、坊、表、堤、堰、闸等单体建筑，还有寺、观、坛、庙、街市、城垣等组群建筑。一些外来建筑与中国传统建筑相结合的类型，如塔、幢等成了园林建筑中极为实用并有点景、置景功能的建筑。如北京玉泉山玉峰塔不仅是登临眺览西山和昆明湖景色的佳处，而且与湖山相互借景配合，成了西郊诸园中共同的一处景点。

6. 园路与铺地

园林中的道路，是关系到园林能否发挥其功能、显示其艺术特色与成就的命脉。犹如人体的血管，没有它就无法循环，不能生存。一个最好的园林景色，人不能进去，不能游览不能眺望，不能停歇，那就没有什么作用了。因此，对于造园来说，安排好游览的道路十分重要。园路的安排，是造园艺术与规划设计重要的组成部分，尤其要与园林中重点的景区、景点、突出的景观联系与结合。中国古园林中所称赞的"曲径通幽"、"山重水复、柳暗花明"、"步移景换"等效果

都要靠很好的园路来体现，来完成。园路既要起到游览的作用，又要起到欣赏的作用。该行进的地方就引导行进，当停步观景的地方就要让人们停步观景或是休息。因此，它还要与亭、台、楼、阁、廊、庑、桥、庭等相联系相结合，廊、庑、桥、庭等多成了路的一部分。亭、台、楼、阁等则多为停歇休息之处，把它们巧妙有机地联系起来，整座园林就活起来了。

园林的路面铺装和庭院广场的地面铺装，对于一座好的园林来说，也十分重要，其艺术性之强，往往胜过室内地面。一般山道坡地大多采用规整或不规整的石砌或铺砖道路，两旁还要点缀些散置山石和花木。一些皇家园林甚至私家园林的园路和庭院还用彩色石子、碎砖瓦片、碎陶瓷片等镶成各式动植物和几何形图案，以增加园林道路、庭院的艺术内容。如北京故宫御花园、颐和园、北海和苏州拙政园、留园等都不乏铺地的佳作。

7. 洞门、洞窗

门窗本是中国古建筑中的重要组成部分，而在园林建筑中更为重要，它不仅用以隔离内外，而且还要起到装饰门墙，配合观赏景观之用。我国古园林中的洞门洞窗，可以称得上是建筑与环境艺术结合的高妙创意之作，以洞门、洞窗的形式区别内外，通联内外。俗语中的"门户洞开"，即是室内外畅通之意，它不仅使游人畅通无阻而且使园林景色也畅通无阻。

洞门的形式多样，常见的有方形、长方形、椭圆形、多角形和各种花果树叶、器物形的图案。在计成《园冶》一书中介绍了不少的形式。书中所称的"方门合角式"即是把方形或长方形的门洞上部或上下抹角；"鹤子式"（鹤子卵）式，即椭圆式；"贝叶式"即贝叶或其他树叶形式；"莲瓣式"、"汉瓶式"即宝瓶形等。"月亮门"是园林中常见的洞门，此外还有葫芦形、桃形、

北京颐和园玉带桥

苏州网师园小石桥

苏州留园铺地

苏州留园铺地

苏州耦园洞门

天圆地方形、银锭形等，图案极为丰富。这些洞门不仅有实际畅通行走之用，而且把它作为景物的"画框"构成一幅活的画面，增加园林景观的艺术效果。

洞窗与洞门的不同之点是不像洞门那样作为通行之用，而是作空气流通、采光和观赏之用。洞窗又称之为框窗、空窗，其作用好似照相机的取景框或图画的边框，使景面如同画幅，透过一个墙壁上的窗框，观看园林内外的山石、花木、竹、树，构成一幅幅美丽的风景图画。这种画面较之绘制的图画更为生动。窗框的形式较之洞门更为丰富多样，有四方形、竖方形、扁方形、六角形、八角形、圆形、半圆形、月亮形、扇面形、瓶形、贝叶形、葫芦形、梅花形等。有些园林把许多种不同形式的洞窗组织到一长排的墙面上，构成一长排画面，好似画展陈列

一般，为园林增色不少。

除洞窗之外，在古园林中还有一种"漏窗"，它与洞窗不同之处是在窗框之内用砖瓦、木条、金属嵌砌或用灰泥等塑制各种漏空的花饰图样。在计成《园冶》一书上称之为"漏砖墙"和"漏明墙"。漏窗本即是一幅幅漏空的图画，并能起到让空气易于流通的效果。漏窗图案的形式很多，主要分作几何形图案和动植物图案两大类，在《园冶》上也多有举例。几何形图案计有人字、十字、万字、六方、八方、菱花、笔管、绦环、套方、冰片、波纹以及将图案穿插拼合等形式。动植物图案有鹿、凤凰、蝙蝠、仙鹤以及松、竹、梅、兰、芭蕉、荷花、石榴、桃等。此外还有用文字、文房四宝、博古以及人物故事组成的图案。在扬州个园"冬山"假山旁边的墙壁上，别开生面创造了"多洞透风墙"，

苏州耦园漏窗

苏州留园漏窗

风吹作响，象征冬日北风呼啸，饶有风趣。

8. 园林建筑装修与家具、陈设

建筑装修与家具、陈设是任何一座建筑物都不可缺少的内容。而园林建筑的装修与家具、陈设又有其本身的特点。中国古建筑中的装修，具有对承重大木结构补强和装饰美化以及分隔与联系室内外空间的功能。如果一座古建筑没有装修将是一具不完整的木架，无法使用。园林建筑更是如此，如果缺乏了家具和陈设，也同样是不完整的，达不到居处、游赏的目的。

在北宋李明仲《营造法式》一书中，以大量篇幅（卷六至卷十一）叙述了小木作制度及其功限（卷二十至卷二十三），并附有大量的图样，其内容包括了版门、软门、破子棂窗、截间版帐、照壁屏风、露篱、堂阁内截间隔子、胡梯、护殿阁檐竹网木贴、平棊、斗八藻井、钩栏、佛道帐、壁帐、牙脚帐等，大都是属于装修的项目。在计成《园冶》一书中装修称之为"装折"，与其他宫殿、坛庙寺观装修虽同一性质，但用于园林中又有其特点，主要的差别是由于园林游赏的功能所产生的。园林装折的重要特点是适应游赏需要，把园林建筑和园林景物组合成丰富的体形环境空间。如门、窗、隔扇等都既要有划分空间的作用，又要有空透的联系。各式楣子、挂落、栏杆、屏、罩也都如此。园林装修（装折）的另一个特点是用料、镂雕都比较考究，常用紫檀、红木、花梨、黄杨、楠木等贵重木材，并保持木质本色，一般不施彩绘，以寻求清雅之趣。各种栏杆、挂落、屏帐、窗、隔扇、罩的形式很多，根据不同部位和环境而设置。在园林建筑室内还常使用落地罩，它可以分割大开间室内空间而又不截然分隔，在活跃室内空间布局方面起很大作用。落地罩有内轮廓不规则的自由式、纱隔扇式、洞门式等多种。在罩上布满各种题材的雕饰，如"岁寒三友"、"喜鹊登梅"、"松鼠葡萄"以及缠枝纹、蕉叶

苏州拙政园玉壶冰

苏州网师园殿春簃

苏州网师园殿春簃

苏州留园五峰仙馆

纹、双龙纹等动植物图案，甚是精巧华丽。

　　家具与陈设在任何建筑中都不可空缺，如果一座建筑物内空洞无物就不能使用了。园林建筑的家具陈设当以典雅、古朴、自然为上品。家具陈设的种类很多，如各式床、榻、桌、椅、几、凳、橱、柜、博古架和灯烛、花盆、鱼缸、鸟笼、鼎、炉、琴、剑、古玩、字画、文房四宝等。家具陈设的特点是可以搬动的，可根据气候季节和庆典宴会等的需要而调整或更换。在一些大的园林中，室外还有很多的陈设叫露陈，如圆明园、颐和园等的露陈，下面有高大精美的石雕台座，上面陈设各种宝器珍玩。在陈扶摇的《秘传花镜》一书的"花园款设"一章中对家具陈设作了分类叙述，并发表了独特的见解。他将其分为堂室坐几、书斋椅榻、敞室置具、卧室备物、亭榭点缀、回廊曲槛、密室飞阁、层楼器具、香炉花瓶、仙

坛佛室等部位所需的家具陈设，并提出了利用自然的植物形态，制作"天然具"、"天然笈"的方法，如核桃杯、古藤杖、花葫芦、椰实瓢、红叶笈等器物。陈扶摇总结的理论是园林家具陈设需以高雅、自然、独特为要旨，值得参考。

9. 匾额、楹联

　　匾额、楹联在我国古园林中是独具特色的内容，它们虽然不是直接构成建筑物的构件，但可为园林景物增色不少，特别是在园林的文化内涵和装饰艺术上起到锦上添花的作用。在圆明园、颐和园、北海、避暑山庄和苏州、扬州等江南私家园林中，大凡重要的建筑物上都有匾额、楹联，以点题和描述这一建筑以及它们周围环境的内涵、意境、特色等。它们可以进一步引发游人对这一建筑物本身以及周围环

境景物甚至各个方面的联系思考。

匾额，指的是悬挂在门楣或建筑物檐下的横、竖牌匾，其上书写这一建筑物的名称或相应的内涵。在李明仲《营造法式》中称之为牌，并绘有"风字牌"、"华带牌"的图样和作法。也有的匾额直接刻在砖石门楣、殿堂之上，如承德避暑山庄大门匾额就直接刻石嵌镶在门上。一般私家园林的匾额较为简单，体量也较小，皇家园林的匾额体量较大，在重要地位的匾额非常华丽，如承德避暑山庄正宫大门的"避暑山庄"匾额，周围镶装了雕刻精细的云龙环绕边框。就是"烟雨楼"等小型无边框的匾额，雕刻也非常精美。匾额因为字数不多，只是起到画龙点睛的点题作用，不能像对联那样详细地描写周围景色。

楹联，亦称作对联，是我国古典文学的重要组成部分。它是古代诗词、骈文的发展。据前人考证，它始于五代后蜀主孟昶在寝宫门桃符版上题词"新年纳余庆，嘉节号长春"，当时谓之"题桃符"。对联的特点在于文字上的平仄声韵对偶和内容的深妙。其实这样的对仗文学很早就有了，如陶渊明《归去来兮辞》中的"园日涉以成趣，门虽设而常关"，王勃《滕王阁序》中的"落霞与孤鹜齐飞，秋水共长天一色"等。园林和风景名胜中的对联，浩如烟海，成了园林和风景名胜中的重要文化内涵。对联的文字多少不一，有几字者，也有数百字者，各有千秋，主要在于与园林建筑和周围的环境相贴切。长联如像云南昆明大观楼清代孙髯翁的长联，描写滇池景物，感怀历史，文字秀美，对仗工整，堪称佳作。短联如苏州沧浪亭石柱上所刻，清嘉庆年间江苏巡抚梁章钜集前人诗句所撰"清风明月本无价，近水远山皆有情"对联，文辞秀美，意味深长，亦属难得之作。楹联或刻于石、木、金属等柱子之上，或刻于木、竹、金属等单独匾牌之上，主要以文辞内容和书法为主，除皇家园林和个别私家园林之外，

苏州狮子林洞门

苏州狮子林匾额

苏州耦园砖雕

江苏同里退思园退思草堂

联版联牌本身华丽者不多。

10. 其他

在中国古园林中，在建筑物墙壁之间、庭院之内，还镶了许多有高度历史、艺术价值的诗词、书画、文章、碑记等刻石以及经石、雕塑等艺术品，都丰富了古园林的历史文化内涵，与园林建筑浑然一体，不可分割。

（四）园林堆山、叠石

堆山、叠石，俗称之为造假山，是造园艺术中极为重要的一部分。造假山这种艺术，在我国已有很悠久的历史。从《尚书·旅獒》记载"为山九仞，功亏一篑"这一名言来看，堆筑假山至少在公元前七八世纪的春秋时期、距今2500年以前已经开始了。在这以前的殷、西周时期帝王宫苑主要利用自然山川林木来营构，但也必然会对其不足之处予以加工整治，逐渐形成营构假山的活动。所说的"为山九仞，功亏一篑"虽然只是一个比喻，劝人们做一件

事，不要半途而废，一定要把它做成，按一仞为七八尺（折合2米多），九仞为20多米，已经不小了。当然，其时的假山可能还有更高的。到了秦汉之际造假山之风大为盛行，而且规模很大。《三秦记》上记载，秦始皇派徐福入海到海上三神山求仙药未果，于是在咸阳凿长池，引渭水，在水中堆蓬莱山，以求仙人降临。《史记·封禅书》上记载，继秦始皇之后，汉武帝又在长安建章宫内凿太液池，池中仿海上三神山，营造了方丈、蓬莱、瀛洲三座人工的神山。这种海岛神山之说虽来自方士求仙的编造，但它对我国古代园林造园艺术的发展，特别是对大型皇家园林的布局变化，确实起了重大的作用。它使空旷平淡的水面，产生了无穷的变幻，丰富了景观的层次，不管从岸边或岛上观看都能产生变化深远的效果。如果遇到烟雨迷蒙或是雾气弥漫的时候，确有仙山神岛使人超凡出世之感。这种"海上三神山"水中岛屿的造园艺术手法，几乎历代帝王宫苑无不采用，就是一些王府官署以至私家小园也以不同的方式相

仿效。除帝王宫苑之外,西汉时期私家园林营造假山也同样风行。茂陵富豪袁广汉的私园中"构石为山,高十余丈,连绵数里",规模之大可以想见。但从秦汉以下私家园林以及寺观、祠馆等园林的假山营构趋势来看,已是从追求规模庞大逐渐走向精美了。

历代堆山、叠石的假山杰作不计其数。早期假山由于天灾人祸、改朝换代、自然崩塌等原因多已不存。著名的宋徽宗"花石纲"以人民血汗凝成的东京"艮岳"随着宋室南迁,金人入据,已分崩离析、化为乌有。即使近代号称"万园之园"的圆明园人造山形水系、叠石峰峦,在侵略者的焚毁和逐年的破坏下,也濒于消失。现在尚还保存下来的堆山、叠石佳作,则以北方皇家宫苑和南方私家园林为多。早期假山遗物,值得一提的首推陕西兴平汉武帝陵园陪葬的霍去病墓。其墓是一座按照祁连山形状堆筑的假山,可以说是现存最早的一座假山遗物。

从历史文献记载和现存实物假山的堆叠技法来看,大约可分为以下几种:

1. 土山

土山即是以土堆成之山,应是原始的假山堆筑之法。它的特点是仿效自然、接近自然的成分更多,而且施工技术和材料也都省费易取。在殷周时期,主要利用自然山川造园时可能也对原来自然土山有所加工整理。秦汉时期的神山仙岛,因无具体堆筑方法的记述和实物遗存,无法确定其堆筑之法。但以常理推断,应是以堆土为主,兼以少量之石。堆筑土山之法,根据一些秦汉遗址分析,基础部分选择较为坚实地基,并予以夯打坚实。在高台山体周围用木桩围护。上部山体,根据实际情况予以压或夯实。从仿效祁连山的霍去病墓封土看,尚未发现夯层的迹象。到后期的土山往往仿效自然山坡的坡麓做成平缓的土坡,种植草地、花木。如遇池湖岸边,在水岸

还需打桩或砌石以保护土坡稳固。

2. 土石间筑假山

土石间筑假山是造园艺术中极其重要的一种。从历史发展阶段来看,较之纯土山已进展了一步,从艺术效果来说,较之纯土山又有所变化,也甚接近自然之山。在自然界中除华北、西北黄土地带的纯黄土山外,凡山大多有石,仅是多少不同而已。土石间筑假山的艺术品位甚高,计成《园冶》一书中对它称之为"雅从兼于半土",认为半土半石的假山品位最为高雅。清代李渔《一家言》"土石"一节中也提出了土石间筑假山的好处,他说:"高广之山,全用碎石,则如百衲僧衣,求一无缝处而不得,此其所以不耐观也。以土间之,则可泯然无迹,且便于种树,树根盘固,与石比坚。且树大叶繁,不辨为谁土。列于真山左右,有能辨为积累而成者耶?"另一位同时代的造园大家张涟(南垣)也持同样理论,认为"平岗小坂,陵阜坡陀,然后错之石"是较好的办法。

土石假山堆筑之法,贵在像真山之貌,有似多年雨水流洗半露山骨之状,或草丛中偶露石顶,不同形状之大小石块散布于自然山体之间。在土石相间处种植一些野草闲花,更富真山野趣。

现存土石间筑假山之遗物杰构尚多。陕西兴平霍去病墓象征祁连山的封土假山即是土石筑构的,他如北京北海琼岛(金代)、景山(明代)、颐和园万寿山(清代)等。承德避暑山庄的山区部分则主要是利用自然的山区,略加点缀而成。在江南园林中,也不乏小景土石假山佳作。

3. 叠石假山

这种假山主要以石叠砌而成,又称之为"掇石"。从假山发展的历史来看,叠石假山比土山和土石混筑假山要稍晚。从造园艺术和堆叠工艺来看,是更进一步的精工化、神形化了。自秦汉以来,叠石假山不断发展,越来越精,

越来越细，产生了许多高深的理论和叠石名家。唐代诗人白居易不仅是大诗人，也是造园名家，他在一篇《太湖石记》的文章中对丞相牛僧儒府邸别墅中的叠石群峰的形态描述说："有盘拗秀出如灵邱鲜云者，有端俨挺立如真官吏人者，有缜润削成如珪瓒者，有廉棱锐刿如剑戟者；又有如虬如凤，若跧若动，将翔将踊，如鬼如兽，若行若骤，将攫将斗者。风烈雨晦之夕，洞穴开颏，若欲云赍雷，巍巍然有可望生畏之者。烟霏景丽之旦，岩巘湛，若拂岚扑黛……撮要而言，则三山五岳，百洞千壑……尽在其中。"可见唐代叠石假山在用石上达到的高精水平。宋代大画家米芾对园林叠山用石作了"瘦、皱、漏、透"四字的精辟概括，以为评价的标准，若四者兼备即称之为上品。园林的叠山用石主要分为山石和湖石两大类。所称的山石，即是从山上开采的岩石，为多棱多角、尖锐拔挺或方整浑圆者。有些山石原为水底升高形成的山地，其石也为水蚀冲刷之状。江南常州黄山、苏州尧峰山、镇江圌山等地所产的一种岩石，因其色黄褐，一般通称之为"黄石"，江南园林多用之。所称的湖石，即是从江湖中捞取的岩石，以太湖出产的最为有名，被称之为"太湖石"，在江南园林以至北方皇家园林、私家园林多争相采取，宋徽宗营建寿山艮岳的"花石纲"即是捞取的太湖石。除太湖石之外，还有产于江苏昆山的"昆山石"，产于宜兴张公、善卷洞一带的"宜兴石"，产于南京附近沿江一带的"龙潭石"、"青龙山石"、"灵璧石"，产于镇江大岘山一带的"岘山石"，以及江西江州湖口所产的"湖口石"、宁国所产的"宣石"等。

关于叠石假山的堆叠形式，随叠山匠师的技巧和构思呈现出丰富多彩的造型与结构。

崖壁　悬崖、峭壁本是自然界山体中引人注目之点，因而成了叠石假山所体现的重要景象之一，它是大型石假山不可缺少的部分。其设置部位或在山之临水，或在山之迎面，或在山之高处，根据观赏部位的需要而设置。有时为了节约用地和施工方便采用倚墙而叠，既省了人工骨架又节约了空间，如扬州片石山房、小盘谷、寄啸山庄、苏州环秀山庄的石山等。如在水边，倒影水中更觉其高耸生动。

峰峦　峰峦是叠石假山不可或缺的部分，也即是叠石假山的顶部作为假山的天际部分，显得十分重要。所称的峰，是指山顶高尖山峰，其形状也仿自自然山峰，如苏州天平山、云南石林、江西三清山等的"万笏朝天"，广西桂林、兴平等地的群峰拔地、一峰独秀，以及承德棒槌峰上巨石等，有着神化自然之形象与风韵。所称之峦，是指起伏的山峦。山峦叠石不需高耸，但要高低错落，起伏有韵。峰峦假山在北方皇家园林和南方私家园林中都有不少优秀佳作保存着。

山洞　山洞是叠石假山最能体现其技巧与艺术的部分。一些土石混合假山也采用叠石为山洞，以突然改变环境，引人探幽穿洞，产生不同气氛韵味。一些山洞中特设置了桌凳以为留驻歇息和弈棋、纳凉等之用。山洞有大有小，根据山体的尺度而定。如北京颐和园万寿山前山、北京琼岛后山是规模较大者，上下穿行、时出时入，曲折盘旋，时明时暗，确能引人入胜。江南园林叠石假山山洞，如扬州个园"秋山"之黄石山洞、苏州环秀山庄之湖石山洞，虽体量不大，但经巧妙安排也极尽引人入胜之能事。山洞的结构主要在于洞顶的处理，一般分为过梁、叠涩和拱券几种方式，其要紧之处是不露出结构的痕迹方为上品。

涧谷、瀑布　在叠石假山之中，根据水源情况，常常营构成涧谷、瀑布的景观，使活力频增。如苏州的环秀山庄，虽然体量并不巨大，但在咫尺峰峦之间营构了高山峡谷、涧底奔流的景观。而无锡的寄畅园则利用水泉创造出潺潺溪谷流水发出不同声响的"八音洞"，更是有趣。除了在假山底部营造涧谷溪流之外，在山间山顶还可营构下泻的山泉和瀑布景观。皇家园林和官府富豪之园往往利用雨天积水自然跌落，因南方雨多常常利用房檐落水引向假山汇成涌泉瀑。计成《园冶》一书中，还专门论述了利用高墙大屋蓄积檐头水以制造飞泉瀑布景观的方法：可利用高楼的墙头做天沟，将檐头水集中在山顶小坑内，再从突出的石口泛漫而下，形成瀑布飞流。在苏州环秀山庄假山等处就有这样的遗存。

矶滩、汀步　　这是园林假山水景处理很重要的方法。在大自然中常常可以见到这种景观。如福建武夷山"九曲"溪的岸边所呈现的石山余脉伸入水中的情况，在自然山石与水交接处的矶滩，比比皆是。叠石假山仿效此种景况，是必然之理。如南京瞻园、苏州网师园、无锡寄畅园、承德避暑山庄等都有这样的布置。有的利用自然溪流布置的园林，如杭州灵隐寺前武林溪岸边，就完全是原来自然的矶滩。

汀步是一种踏步桥，也称作跳墩，在园林中常安置于水池或溪流中以为涉水之用，有以整齐石块砌做的，也有用大型卵石、块石安设的，以不规则整齐为佳，如中南海静谷、南京瞻园、杭州灵隐寺武林溪等许多例子。

庭石、盆景　　庭石、盆景与假山不同之处是它们不是堆山叠石所筑构的群体，而是单独之石或极小的山石组合。其功能上的区别在于大小假山均应让人登临其上，庭石和盆景是不能让人登临的。所谓的庭石，是置于庭院或广场之内的单体石或小型组合。凡庭石均应符合"瘦、皱、漏、透"的审美标准或是有特殊形态和特殊价值的奇石、异石。庭石的出现，应是在叠石之后。从叠石中之精品石分出能作单独观赏标准者。现在留下的单独观赏石很多，著名的如苏东坡的雪浪石，传为宋徽宗时朱勔进呈"花石纲"遗物的苏州"瑞云峰"，上海豫园"玉玲珑"，北京颐和园"青芝岫"，苏州留园的"冠云峰"、"岫云峰"、

"一梯云"，南京瞻园的"倚云峰"，杭州文澜阁"仙人石"（美人峰）等。在古代绘画中亦有不少的庭石作品，如陕西乾县章怀太子李贤墓出土壁画、唐孙位高逸图、宋徽宗画祥龙石、宋苏汉臣画庭石芙蓉等。

盆景是置于盆中之微型叠石，多以各种形式之山石叠组而成，置于庭院或广场以及室内供近观欣赏。在陕西乾县章怀太子李贤墓壁画中的盆景画展现了早期山石盆景的情况。还有陕西西安出土的唐三彩盆景虽然高不盈尺，但展现了高山深谷和鸟兽林木的壮观场面，可以说更为精巧的"移天缩地"、"咫尺山林"尽在一盆之中。盆景的艺术概括达到了造园艺术的高峰，将大自然、天工人巧再度收缩搬进了厅堂楼馆和斗室之中，供人们欣赏把玩，是造园艺术的又一飞跃。四川眉山三苏祠的木假山，可称得上是一件十分珍贵的历史文物。近代传世和新创作的各种形式、各种质地的假山作品，丰富了造园艺术的内容，美化了人们更为接近的室内外空间环境。

（五）园林理水

地球上的生物，离开了水都不能生存。人是地球上生物的一类，也不能一日无水、一时缺水，水的重要性可想而知。水对于园林来说，是最为重要的因素，试看古代大小园林不管是烟波浩渺，还是潺潺细流，乃至一勺之沼，都要有水，就是几案所置的小盆景也要有水才行。日本园林中的"枯山水"景也是拟水创造的艺术作品。所以说，"无水不成园"是有其道理的。

我国古代造园艺术有着悠久的用水历史和高度的理水艺术成就。3000年前《诗经》上记载的"王在灵沼，鱼牣于跃"，已经创造了园林用水的高度成就。《述异记》上记载，两千多年前，吴王"夫差作天池，浮青龙舟池中"。汉武帝于两千多年前在长安开"昆明"、"昆灵"池，占地达1000万平方米。可见早期帝王宫苑追求水

面之大。此后二千多年来，造园工程在理水艺术上不断地发展，从早期利用自然为主逐步走向更加精审处理水景观的历程，产生了许多理水的经验与精湛的理论，是古代造园艺术高度成就的重要组成部分。中国古代园林艺术中所谓的理水，首先是如何探寻利用自然的水源，将其合理而又艺术地组织到园林的景点之中。理水还包括人工制造水景和水的排泄处理等技术问题。

探寻水源是造园选址和规划设计的一个十分重要的步骤。水源的情况决定着园林的规模大小和艺术形态。利用自然水源是最佳的选择，因为自然水源既优美又经济。自然水源有江、河、湖、池、山泉、溪流、濠涧、喷泉等。现存的许多名园都是因有优越的水源条件而形成的。如著名的皇家园林颐和园就是选择了西山诸泉所汇成的大水域昆明湖而兴建的，因此这里很早就有了园林的兴建，从战国时期的西湖到元代的瓮山泊、清代的昆明湖，二千多年一直不断利用这一水源修建发展，至今仍然是这一名园最重要的水景。承德避暑山庄，也是康熙经过多番勘察，选择"热河"这一世界上最短的河流作水源（热河实际上是一处丰富的地下水泉，引出的短流称之为河）而兴建的皇家园林，因有这一"热河泉"而把这一山庄园林同时称之为"热河行宫"，可见这一园林在水源探寻上的重要性。江苏扬州的瘦西湖园林也是精心选择、充分利用了扬州古城河的条件，"两堤花柳全依水，一路楼台直到山"的园林布局正是依照这一水源的特点而规划设计的。江南私家园林的发展和艺术上的成就，正是由于有了优越的水源条件。如苏州园林之所以得到如此的发展兴旺和高度的艺术成就，正因为具备了"东方威尼斯"这样河网水系的优越水源条件。杭州出现了如此众多优美的风景名胜景点和园林，也正是由于有了钱塘江和西湖这样优越的水源条件。其他各种寺观、祠馆、书楼、书院园林也莫不如此。

在水源缺乏或无自然水源可利用的地方，要兴建园林就必须人工创造水源条件。在我国造园史上不乏人造水源之例，其办法主要是开挖湖池或打井取水。周代的"灵沼"可能就是在已有水塘的基础上予以挖掘加工的，秦始皇在上林苑开的长池和汉武帝所开"昆明"、"昆灵"池更是大规模人工创造水源条件的例子。在一些小型私家园林和寺观祠馆园林中，往往以打井取水的方式来寻取水源。这里要特别提出的是在人工制造水源的时候，仍然要仿效自然水源的情况，做出水流源头和水流流出的情况，以及制造成溪流、濠濮、潭渊等水形。就连具有浩渺太湖水的无锡蠡园，也要将它加工成为溪流、港湾、水流出口的形状，以仿效水形源流的自然形态。

理水的造园艺术手法更为丰富的内容，还在于对水形、水景的处理。水形、水景的处理方法多式多样，仅举以下几种：

1. 湖、泊、池塘

这均是一种闭合形的水体，从字义上讲，湖、泊、池塘解释虽有所不同，但在园林用辞上则无一定之规，根据造园艺术之需要而定，有时交互使用，按园主之兴意而定名。如颐和园之昆明湖，曾称作过西湖、大泊湖、瓮山泊等，清代因效汉武帝在长安开昆明池操练水军的故事才改为昆明湖。北京的北海、中南海，原称作太液池，后称之为海。湖、泊、池、塘、海、沼等水面，在园林用语上并无大小之分，有时甚至把一勺之水也称之为湖、海，但它们均为一个由山石土堤围合的水面。湖、泊、池塘的构成主要有两个方面：一是利用天然水面，凡大的园林多以利用自然水面为主，如杭州的西湖、惠州的西湖、扬州的瘦西湖、北京的颐和园昆明湖、无锡蠡园的五里湖等，甚至云南建水文庙的泮池也利用了巨大的湖面以营造其庙园气氛；二是人工开凿湖池水面，在前面提到的秦皇、汉武以至历代皇家官府、寺观、私家园林都有耗费巨大的人力、物力开凿湖泊、池塘水面的例子，有些水面经过多年的不断经营才扩大而成，如北京三海中的南海部分是明代在太液池的基础上开扩的，颐和园的昆明湖也比原来的瓮山泊扩大了许多。至于一些小型的寺观祠馆和私家园林，在难以利用自然水面的情况下，只好人工开辟水面，数量之多不胜枚举。

闭合水面的形式，方圆曲折，弯曲回环，种类甚多，但归纳起来不外为自然弯转形和几何形两大类。自然弯转形的湖泊池塘水面是曲折的岸边所围成，经常把它作成港汊、水湾等形状，使之产生流域广阔、望之不尽、小中显大的效果。岸边则模仿自然山岸或以自然形态散置叠石，酷似自然湖池之水边。大型湖池水面的处理除了在岸边做出港汊、水湾、土石自然岸景之外，还需在水面上作处理，往往设置岛屿、长堤、短堤、桥梁、纤路、码头等，以打破大型水面的孤寂。如杭州西湖除在湖中仿三神山设岛之外，还设了苏堤、白堤两道长堤。北京颐和园也在昆明湖中设岛筑堤增加景点景色。规则整齐的几何形水面，大多是人工开凿的湖泊、池塘，在小型园林中较多。其形状有方有圆，有长方形也有多边形，还有眼镜湖、月牙湖等。池塘岸边也有仿自然土石的，而一些小园中的池塘为了争取水面，则常用整齐石块砌成垂直驳岸，并在岸上修建亭台廊庑或栏杆石凳以供坐立观赏。

2. 渊潭

这也是一种闭合型的水面，其特点是空间集中而深陷，其岸壁较高，水位标高较低，周围环境浓郁荫蔽。因其水深，人们常常说成龙的出没之处，被称之为龙潭，如北京即有黑龙潭、白龙潭等胜景。一些私家园林中也仿潭渊的意境布置，如苏州环秀山庄"半潭秋水一房山"即指亭子旁边的小潭，无锡寄畅园秉礼堂前的小池，即按潭渊的处理方法，效果甚佳。杭州西湖西泠印社的

小型水池四周布置成翠竹浓荫，岸石陡峻，富有潭渊的韵味。至如庐山三峡涧旁的玉渊潭、青玉峡的龙潭则是溪涧奔流下注深渊之中，惊波汹涌，四壁崖石陡峭，水深莫测，又是一番动态的水景。

当然，另外还有一些大型的水面也有称之为潭渊的，如云南丽江的黑龙潭、北京的玉渊潭、上海嘉定汇龙潭、浙江雁荡山石门潭等。虽然水面较为广阔，但总也含有水深、环境荫葱之意。

3. 溪涧、濠濮

它们与湖泊池塘等围合型水面不同之处是仿照江河、溪流的景色，被称为带形水面。它们的特点是溪流弯曲，仿照自然溪流做成土石河溪岸边景色。弯曲的河溪不仅仿照自然而且可增加水面流程并形成源远流长的意味，也延长了观赏线路。河溪水面亦分作利用自然和人工创造两种，二者当以利用自然溪河为佳。因自然溪河皆为流水，许多名山胜景、寺观书院园林于此得天独厚。如杭州九溪十八涧、灵隐寺前之武陵溪即利用自然溪涧稍加整饬，便成佳景。庐山白鹿洞书院前清溪环绕，书院相宜布置并未多加斧斤，天然有趣。北京大觉寺山泉清流穿绕寺中，别具风格。古代大型宫苑，或据河川而经营，或引河川而布局。《阿房宫赋》中所说的"二川溶溶，流入宫墙，五步一楼，十步一阁"指的是渭川和樊川两条大的水面流经阿房宫并在其间修建了众多的亭台楼阁，造成宫苑宏伟的图景。而在一些没有自然江河川流利用的地方，兴建园林就需要人工的创造。在我国造园艺术中，也有不少成功之作，如苏州戒幢寺西园东部的带形水面、上海南翔古漪园东部的水面、苏州留园西南部"活泼泼地"景点以南的溪河景观等。

濠濮是带形水面营构的一种特殊的形式。濠濮本为今安徽、河南之古濠水与濮水名，被造园学家用来称谓一种水面狭长、山高水深、夹岸垂萝的幽深景观。如苏州耦园东部因地势较高，水

位较低，造园时在岸边增高叠石，岸上种植悬垂植物，将其处理为濠濮的景观，甚是高妙。在中国造园艺术上的濠濮是借庄子与惠子游于濠梁之上的对话意境营造的景观。庄子说："鱼出游从容，是鱼之乐也。"惠子说："子非鱼，安知鱼之乐。"庄子又说："子非我，安知我不知鱼之乐。"由这一故事所营构的园景往往在濠濮景观之内修筑高架石板或贴水建桥以反映这一佳话。如北京北海的濠濮间、颐和园的谐趣园等，反映了中国古代哲学和文化的内容。

4. 瀑布、喷泉

这是园林理水艺术中极为重要的一个项目。李白的"飞流直下三千尺，疑是银河落九天"这一壮丽的自然景观，早已被古代造园艺术家争相仿效于园林之中。利用自然的瀑布、喷泉当然是首选的方式。在许多具有山溪涧谷的寺观、别墅园林和大型湖山园林，瀑布之景天成，引人入胜。而很多在城乡平坦之地的园林，要创造瀑布景观就必须以人工提水至高处使之下落成为瀑布。如元代陶宗仪《辍耕录》上记载，在元大都宫苑中的万寿山（今北京北海琼岛）有"引金水河至其后，转机运输，汲水至山顶，出石龙口，注方池"，然后将其下泄、创造人工瀑布的情况。清代扬州江氏东园和苏州狮子林将水柜设在墙头和屋顶之内，储水下泄以为瀑布之景。也有把瀑布从假山洞口之外流下，造成水帘洞的景观。如高士奇《金鳌退食笔记》上所记西苑（今北京北海）："有殿依山，山下有洞。洞上石崖横列密孔，泉出迸流而下，曰水帘洞。其淙散喷射，飞薄溅洒，最为可玩。"这种瀑布和水帘洞的景观在古典园林和风景名胜区中的实物保存尚多，且为许多新建园林和风景区所仿效。

与瀑布相对的水景为激水上喷，形成不同的水景。当然最好的方法是利用自然的喷泉，如济南的趵突泉、金线泉、漱玉泉，北京玉泉山的"玉泉趵突"都是很好的自然喷泉之景。然而在没有自然喷泉的地方，古代造园家们也创造了人工喷泉的景观。据历史文献记载，在一千多年前就曾经有引水至高处，下注从特制的龙口、莲花中喷出的例子。

5. 流杯渠

这种水景在造园理水艺术中具有浓厚的文学韵味。它的起源出自1600多年前著名书法家、文学家王羲之的《兰亭集序》。序称："引以为流觞曲水，列坐其次，虽无丝竹管弦之盛，一觞一咏，亦足以畅叙幽情。"这种雅集盛会自然是园林中不可多得的内容。以后历代仿之效之，在北宋李明仲《营造法式》一书中还对它的做法有了叙述。其建造方式有两种：一为"剜凿水渠造"，即是在整块石头上开凿出弯曲的水槽。另一种是"砌累底版造"，即在一块底版石之上以石块砌成水渠。水渠的图像又有"国字"和"风字"的形式，并附有图样以供参考。现存"流觞曲水"的实物很多，绍兴兰亭王羲之写序之处虽从原址迁移，但仍保存了当年利用自然溪流的韵味。河南登封崇福宫泛觞亭遗址和四川宜宾流杯池为宋代遗迹，已经是人工开凿的几何图案形结构了。清代高士奇《金鳌退食笔记》中所记"凿石引水，作九曲流觞"的遗物在皇家宫苑和私家园林中随处都可见到。如北京故宫乾隆花园的禊赏亭、中南海流水音等。北京萃锦园（恭王府花园）中的流杯渠还专门设置了高处井水下注以达到羽觞浮流的效果。在文献上，元大都宫苑中亦有流杯渠的记载。据明初萧洵《元故宫遗录》上记载：瀛洲海子（今北京北海公园）又稍东，有流杯亭，"中有白石床如玉，临流小座，散列数多，刻石为兽潜跃，其旁涂以黄金，又皆精制水鸟浮杯，机动流转，而行劝罚"。虽然遗址早已不存，但从这一记录中可知这一流杯渠建筑之精美，较之明、清之装点意味远胜一筹。

中国古园林中理水的艺术还很多，如翻波激浪、倒映浮光等，不能一一例举。

（六）园林动植物生态环境艺术

人类处于广阔的地球生态环境中，属于地球生态系统的一部分。我国传统的"天人合一"、"天地与我并生"、"而万物与我为一"的哲学思想，"返璞归真"、入化自然的理想，是与现代生态环境科学理论相符合的，园林是人类居住环境中最理想的境界。自秦汉之阿房宫、上林苑等直到清代的圆明园、清漪园、避暑山庄、历代帝王宫苑及至王公显宦、富豪之家，莫不将宫殿、第宅置于园苑之中，以求理想之居住环境。这是因为园林不仅有人工之构筑而且有动植物等生态环境的协调共处。

园林的动植物生态环境与完全自然存在的生态环境的不同之处，在于它还经过了人类的艺术加工处理。从广泛的含义来说，建筑、叠山、理水也都是经过艺术加工的环境，但它们与动植物生态不同之点是固态的，而不是时时都在生长衰灭的。因而在这里将中国古代造园艺术中的动植物生态环境艺术作简要介绍。

1. 园林植物生态环境艺术

植物是生态环境中极为重要的一部分，离开了它，世界上一切生物都不能存在，在地球生态系统四大基本组成成分中占了关键的地位。人和一切动物都靠它而生存繁殖。人类除了为生存而对植物的需求认识之外，还逐步产生了文化艺术美的需要，突出地表现在园林艺术上。

上面曾经提到"无山石不成园"、"无水不成园"，这里更需要提出的是"无植物不成园"，一个园林如果没有花草树木，那就缺乏生机，索然无味了，试观一下我国古典园林，恐找不出一个没有草木的园林来，就是一般农村人家也要在

房前屋后种一点竹木，在天井中摆一盆花草。

对植物环境艺术的处理和表现方法，有许多不同的形态，根据各个国家、民族、地区等不同的自然条件与文化传统而有所区别。归纳起来主要有以中国为代表的东方"自然式"艺术形态和以意大利、法国等为代表的西方"几何图案式"艺术形态两大类。此外，还有一些所谓纯原始的"荒野般自然"形态，因其不属园林艺术之列，在此不作赘述。"几何图案式"形态的特点在于，园林植物的配置不管是总体布局还是分株形体，都按照整齐对称的几何形图案处理，把花草布置成织花地毯那样的所谓"刺绣花圃"（Parterre de la Broderie），树木成排成列地种植，有的园林还将树木按几何形体照瓶、塔、舟、船、人物、动物等形象修剪，被称之为"绿色雕塑"。到 18 世纪，欧洲的一些国家受到中国自然式园林的影响，曾出现了自然风景式园林（Landscape Garden），法国直接称之为中国式园林，其突出之点就是表现在对植物形态的艺术处理方法上。由此也可看出植物的形态对园林风格所起的巨大作用。

中国三千多年的造园史，一开始就十分重视动、植物生态环境的艺术处理。在古文字中园林名称的"园"、"苑"、"圃"、"囿"等就是种植树木花草和养育动物的场所。早期园林由于大量利用自然，对植物极为重视，这一传统三千多年一直不变。在经两汉时期进一步扩大的上林苑中，广植了各方面进贡的异花奇木达三千多个品种。除帝王宫苑之外，其他达官显宦、富户豪绅的私园中也都广罗奇花异草、高林巨树。还有许多专门以植物突出的园林，如晋代以植物命名的园林有桑梓园、灵芝园、葡萄园等。南北朝时期梁王兔园中的植物艺术景观据江淹《兔园赋》上说："青树玉叶，弥望成林……缥草丹蕍，江篱蔓荆……全塘潋演，绿竹被坡。"庾信《小园赋》上说："榆

柳两三行，梨花百余树……草树混淆，枝格相交。"北宋时期除徽宗以"花石纲"从江浙一带进贡之奇花异木充御苑之用外，一般私家园林也争相以名花异木夸胜。据李格非《洛阳名园记》描写李氏仁丰园时说："广桃、李、梅、杏、莲、菊数十种，牡丹、芍药百余种。而又远方奇卉如紫兰、茉莉、琼花、山茶之俦……有至千种者。"洛阳牡丹被称之为"国色天香"，至今仍享誉海内外。许多名树古木、珍稀花卉成了某一城市、某一寺观、某一风景园林或景点的标志，如山东菏泽的牡丹，江苏苏州光福香雪海的梅花，北京法源寺的丁香，天坛的古柏，承德避暑山庄松云峡和万壑松风的古松，四川长宁、江安的竹海等。至于像山西晋祠的周柏，山东泰安岱庙、大红门的汉柏，陕西黄帝陵的挂甲柏，河南登封嵩阳观的大将军、二将军古柏等已成了名木珍宝"活的文物"。有许多名木古树还被帝王封侯赐爵，如被秦始皇封官的泰山五大夫松，被乾隆皇帝封作遮荫、探海侯、白袍将军的北京北海团城上的古松柏等。

园林植物的品种非常丰富，根据《花经》、《长物志》、《植物名实图考》和《花卉图说》等园艺书籍记载，主要可分为乔木、灌木、花灌木、藤蔓花木、草本花卉、竹类、水生植物等。各种植物的配置不仅要符合它们本身生物学的特点，比如哪些花草树木适宜于阴坡阳坡、宜干宜湿、耐寒耐暖，而且还要进行景观艺术的处理，要考虑根据它们本身艺术的形象和色彩、风格等等来配置。一本名叫《秘传花镜》的书上"种植位置法"一节中作了很好的经验总结："如园中地广，多植果木松篁。地隘，只宜花草药苗。设若左有茂林，右必留旷野以疏之。前有方塘，后须有台榭以实之。外有曲径，内当垒奇石以邃之。花之喜阳者，引东旭而纳西晖。花之喜阴者，植北囿而纳南薰。其中色相配合之巧，又不可不论也，如牡丹、芍药之姿艳，宜玉砌雕台，佐以嶙

峋怪石。修篁远映、梅花蜡瓣之标清，宜疏篱竹墙，曲栏暖阁，红白间植，古干横施。水仙瓯兰之品逸，宜磁斗绮石，置之卧室幽窗，可以朝夕领其芳馥。桃花妖冶，宜别墅山隈，小桥溪畔，横参翠柳，斜映明霞。杏花繁灼，宜屋角墙头，疏林广榭。梨之韵，李之洁，宜闲庭广圃，朝晕夕霭，或泛醇醑供清茗以延佳客。榴之红、葵之灿，宜粉壁绿窗，夜月晓风时闻异香，拂麝尾以消夏。荷之肤妍，宜水阁南轩，使薰风送麝，晓露擎珠。菊之情操，介宜茅舍清斋，使带露餐英，临流泛蕊。海棠韵妖，宜雕墙峻宇，障以碧纱，烧以银烛，或凭栏或欹枕其中。木樨生香宜崇台广厦，挹以凉思，坐以皓魄……其余异品奇花不能详述，总由此而推广之。因其质之高下，随其花之时候，配其色之浅深，多方巧搭，虽药苗野卉，皆可点缀姿容，以补园林之不足。"

我们从上面所举花品的形态、颜色等与园林地貌、建筑、山石、水况的配置上，可以看出园林植物生态与艺术环境的密切关系。不仅花品如此，其他各种乔木、灌木、竹类、藤蔓、水生植物等也莫不如此，都要根据它们的生理和客观的环境以及人们的文化需求而加以艺术的布置。

2. 园林动物生态环境艺术

动物是自然生态环境中最富生命力的一部分。它们和植物之间以及它们自身各类之间都保存着一种生态环境协调和平衡发展的关系。不管是人为的还是外力的原因，如果失去协调或平衡，将会对地球上生命的存在造成危害甚至毁灭，多少亿年地球的发展史已证明了这一点。熊猫食用竹子的衰败就会造成熊猫生存困难，就是其例。园林动物生态环境与大自然动物生态环境虽然都要尽最大可能保持其原始的环境状况，但两者也有所区别，即是园林动物生态环境要经过艺术的处理。因为对动物的选择，对动物彼此之间的分别安置，对动物的人

工饲养、放养、驯训、繁殖等，还需要进行许多科学管理的手段。然而最重要的一点则是园林动物也要作为一种景观艺术来处理。就是近代开辟的动物园，也需要通过安全的旅游设施和交通条件才能进行参观游览。

在造园史上，对动物景观的处理，有着非常悠久的历史。在三千多年前周文王就在以利用自然为主的大型园林中畜养了鹿、雉、兔和各种水鸟、鱼类等观赏动物。《诗经》上描写说："王在灵囿，麀鹿攸伏。麀鹿濯濯，白鸟翯翯。王在灵沼，于牣鱼跃"，生动地描述了灵囿、灵沼这两处陆上和水中动物生态环境的艺术形态。以后的春秋战国和秦汉时期的帝王宫苑中，莫不畜养大量的走兽飞禽以充实园林景观。西汉文帝之子梁孝王在他所营造的东园中也布置了猿岩、雁池、鹤洲、凫岛等动物环境的景观。茂陵富户袁广汉所建私园，在人工山水之间饲养了白鹦鹉、紫鸳鸯、青兕、牦牛等奇禽怪兽，并以园中营造的沙洲、溪流、蒲苔丛生的自然环境，引来一些野生动物繁殖其间，平添了许多天然野趣。此后历代帝王，一直到清代帝王皇家园林中，莫不养育着大量的飞禽走兽。大型的帝王宫苑，如北京圆明园、清漪园、静宜园，承德避暑山庄等有较大的自然山水条件，经常放养着各种走兽飞禽，而私家园林范围较小者，大多专门设了鸟笼、兽房以为饲养禽兽之所。如广东番禺的余荫山房、台湾台北县的林家花园都专门修建了鸟笼兽房。一些较大的私家园林，如苏州拙政园在三十六鸳鸯馆前池塘中放养戏水鸳鸯，艺圃也在假山之上放养兔子等小禽兽，以仿效野生动物之意趣。

中国古园林中放养动物的种类数量甚多，康熙年间陈扶摇所著《秘传花镜》一书把园林动物归纳为禽鸟、兽畜、鳞介、昆虫四大类，并分别介绍了各个种类的习性和饲养方法以及欣赏观点等内容，兹介绍陈扶摇在观赏艺术方面的理论，以供参考。

禽鸟类 他认为：禽鸟能增加园林愉悦的视听趣味。羽毛美丽，富有观赏价值，使人悦目。鸣声姣好，有天籁之音，闻之令人心旷。禽鸟戏斗，飞翔水面、枝头，增加了观者许多喜悦心情。书中列举了鹤、鸾、孔雀、鹭鸶、乌凤、鸲鹆、鹰、雕、鹇、雉、鸡、竹鸡、鸳鸯、鸿雁、百舌、燕子、画眉、巧妇鸟、护花鸟等多种禽鸟的名称。

兽畜类 他认为，家畜和可以驯养的野兽，都是"足供园林玩好"之用的动物，如鹿、兔、猴、犬、猫、松鼠等。在这里他没有将野生凶猛动物列入，因为他只是从江南和一些较小的园林出发的。

鳞介类 他在这一类中还收入了两栖类动物。他认为这类动物在园林中颇有欣赏的价值。他说："有色佳鱼，任凭穿萍戏藻；善鸣蛙鼓，听其朝吟暮嗓；是水乡中的活泼之趣，园林所不可少者也。"他列举了金鱼、斗鱼、绿毛龟、蟾蜍（蛙类）等。

昆虫类 他关于昆虫在园林中的作用的看法是："花开叶底，若非蝶舞蜂忙，终鲜生趣；至于反舌无声，秋风萧瑟之际，若无蝉噪夕阳，蛩吟晓夜，园林寂寞，秋兴何来。"他列举了蜜蜂、蛱蝶、蟋蟀、鸣蝉、金钟儿、纺织娘、萤等品类。

以上陈扶摇《秘传花镜》一书虽然出自清朝初年，主要以描述南方园林为主，但他却也是积多年经验，概括了悠久的造园历史和广泛的动物品种，特别是这些动物的生理特点以及与园林文学艺术的关系等内涵，可说已相当齐备，可以作为古园林动物生态环境艺术处理研究的重要参考。

园林动物景观的布置，是中国古代造园艺术中的一个重要内容，有许多独特的技艺，举凡鸟、兽、鱼、虫等各大类品种的选择、畜养方法、驯训技术、繁殖优化等，都有着传统的经验值得继承与借鉴。至于在园林中如何安放它们，或放养，或笼圈，或棚舍，或聚或散，或诱引（如蜂蝶之类），均要视园子的大小、园林的特点和文化艺术需要等具体情况而定。

中国帝王苑囿概说

我国造园历史悠久，以其精湛的造园艺术和丰富、精美的古典园林遗产著称于世。中国古园林是古建筑与园艺工程高妙结合的产物，是中国传统的居住、休闲、观赏、游乐和文学艺术等综合营造的艺术空间体形环境，是中国传统的文化与自然遗产的重要组成部分。许多重要的古典园林已被国家公布为全国和省市县各级文物保护单位，其中具有重大历史、艺术、科学价值的古典园林，如承德避暑山庄，北京颐和园，苏州拙政园、留园、环秀山庄、网师园、耦园、退思园等已被联合国教科文组织世界遗产委员会列入《世界遗产名录》，成为全世界共同的财富。

现在保存的古典园林，遍布全国各省、自治区、直辖市，类型丰富，数量众多。许多古典园林，今天仍然在向广大公众开放，为两个文明建设服务，受到国内外广大游人和专家学者们的赞赏。

我国古典园林，按照所在地点、用途和功能以及造园艺术的特色，大约可分为皇家王府园，宅第园（私家园），坛庙祠馆园，书院、书楼、书屋园，寺观园，陵墓园，水口园，山水胜景园，等等。其中尤以皇家王府园即帝王苑囿为奢，堪称我国古典园林中极为重要的组成部分。

帝王园林，是我国历史文献上记载历史最为悠久，规模最为宏大，造园技术、艺术都最

为高级的园林。其原因是自部落首领开始，特别是到了奴隶社会、封建社会时期，奴隶主和封建帝王以他们的至高权力，集中了大量的财富，获取最好的造园材料，役使大量高水平的造园技术与艺术人才为之服役，因而历代帝王宫苑、王府园林莫不表现了当时造园艺术的辉煌成就。然而，战火的硝烟、政治的变革和各种天灾人祸，特别是王朝更替的斗争，使众多的宫中御园、离宫别苑、王府园林化成了废墟。如覆压三百余里、隔离天日、长桥卧波、复道行空的阿房宫，楚人一炬，就可怜焦土了。万园之园的圆明园，在英法联军的野蛮入侵破坏之下，被放火焚毁，顷刻之间化为乌有。所幸现在还保存下来不少的晚期皇家王府园林的遗址、遗迹，仍可看出我国皇家王府园林造园艺术的伟大成就。

查"园林"之名，虽已广泛使用，但在帝王园囿上使用较少。在历史文献上，曾有"圃"、"囿"、"苑"、"园"、"苑囿"、"园囿"、"园池"、"园林"等名称。这里将其作一简单介绍。

圃 是早期见于历史文献的名称。《说文解字》、《辞源》、《辞海》等书中均称之为种植蔬菜、花果或苗木的绿地。《辞海》上说，周围常无垣篱，而《说文》、《辞源》上则称"从口"、"筑场圃"等，似可有垣篱。《周礼·天官》上"园圃育草木"，郑玄注："树果蔬菜曰圃，

园其樊也"。可知，圃有垣篱。孔子对子路说：在种植花果蔬菜上"吾不如老圃"。总的来说，圃的用途主要是保存和种植蔬菜、花果、苗木的园地。

圃 是早期见于历史文献的名称。《说文解字》上说："圃有垣也，从口甫声，一曰育禽兽曰圃。"《辞海》、《辞源》上均说："古代帝王饲养禽兽的园林。"又说："圃，有韭圃也"、"圃有见杏"，又是菜园、果园。可见，圃既饲养禽兽，又有种植蔬菜、果木的功能，而从文献记载上看，它还是以饲养动物为主。

园 《说文解字》：园，所以树果也，从口。《辞海》、《辞源》上均称之为"四周常有垣篱，种植树木、花卉或蔬菜等植物和饲养、展出动物的绿地"，这正是目前我们所称之"园林"的含义。

苑 《说文解字》上说：苑，所以养禽兽也，从草。《辞源》上说是古代养禽兽的园林。《辞海》上说："畜养禽兽并种植林木的地方，多为帝王及贵族游玩和打猎的风景园林，如上林苑。"《辞源》上列有"苑圃"的辞条，并引《吕氏春秋·重已》说："昔先王之为苑圃园池也，足以观望劳形而已矣。"注："畜禽兽所，大曰苑，小曰圃。"《汉书·高帝纪》："故秦苑圃园池，今得田之。"注："养鸟兽曰苑，苑有垣曰圃，所以种植谓之园。"

其他的"园圃"、"园池"、"园林"、"庭园"等，因其范围太小、内容多少以及不同性质等原因，或帝王或私家或祠馆园林分别以名之。而苑圃则在古代帝王园林中多称之，如秦汉之上林苑、隋之西苑、唐之神都苑、明清之西苑（今北京北海、中南海）均以苑名。圃在历代帝王宫苑中多以为名，或与苑、园相结合为名。

一、中南海

中南海位于北京西长安街北侧，北海之南，是中海和南海的统称。明朝以前曾称为太液池、西海子和西苑。中南海始建于辽代，金、元、明、清各代均不断扩建，数百年来一直是皇家园林，目前建筑绝大部分为清代遗构。总面积1500亩，其中水面面积约700余亩。南海与中海以蜈蚣桥为界，中海与北海以金鳌玉蛛桥为界。

南海主要建筑有宝月楼、瀛台、怀仁堂、海宴堂等。宝月楼现为中南海南门，重楼重檐，面阔七间，为乾隆年间所建，现称新华门。瀛台为半岛，三面临水，居南海之中，其建筑群雕梁画栋，布局紧凑合理，如海上蓬莱，故名瀛台，这里为帝王处理朝政的场所，也曾是戊戌变法失败后，囚禁光绪皇帝的地方，主要建筑有勤政殿、翔鸾阁、涵元殿、蓬莱阁等。

居中海、南海之间的陆地建筑，有紫光阁、蕉园、万善殿、水云榭等。紫光阁居中海西北岸，为清王朝追念先杰之地，也是设功臣宴之地。蕉园居中海东北岸，内有万善殿、水云榭等建筑，其中水云榭建于碧水之上，内有乾隆所书"太液秋风"御碑，是著名的燕京八景之一。

北海、中海、南海碧水相连，均为京城中著名的皇家园林，并延续经历多代，是前人留给我们的珍贵文化遗产。

二、玉泉山

玉泉山也称静明园，在万寿山西边五里，是西山的一条小支脉，因山间有清澈甘冽的泉水而得名。早在辽代，玉泉山上就建起了北京西北郊最早的皇家园林玉泉山行宫。金代又在山顶修建了一座芙蓉馆作为金章宗的行宫。元代忽必烈在山上建起昭化寺。明朝时期英宗又在山上修建了上、下华严寺。清康熙十九年（1680年）将玉泉山原有的行宫、寺庙翻修一新，命名为澄心园，1692年更名为静明园。乾隆年间又加以扩建，并确定了十六景，都以四字命名。

玉峰塔位于玉泉山顶，塔身七级，沿着石磴盘旋而上，可以直达塔顶。各层洞龛内供铜佛。塔后山峰上还有妙高台。华严寺原有上、下两座，清朝时仅有上华严寺，内设佛殿三间，供三尊坐像全身佛。寺下方有个资生洞，内有佛像一尊，壁间嵌有心经。华严洞也有上下两个。上华严洞内有白石佛龛，内供石刻观音像，四周洞壁及顶部遍刻佛像，有数千之多，故名千佛洞。下华严洞包括伏魔洞、千月洞、罗汉洞，伏魔洞内曾供关公像，水月洞内供一尊佛像，罗汉洞门左右各有一尊高大神像，面目狰狞可怕。

在玉泉山西山坡上，有一组建筑，居中的是道观东岳庙，名仁育宫，共有四进院落，规模很大，乾隆皇帝去泰山东岳庙祭祀不便，就在这里建起东岳庙。在东岳庙南侧有一座小佛寺名叫圣缘寺，也有四进院落。道观与佛寺仅一墙之隔，互不相扰，是一个有趣的现象。中国人从皇帝到平民对宗教都采取了一种实用主义的态度。佛、道、儒等各大教，还有萨满教及近代从西方传来的天主教、基督教都有人信仰，甚至同时信仰几种宗教。各种宗教教义可以并行不悖，为我所用，从未因此引起矛盾冲突，更不要说宗教战争了。

玉泉山上还有龙王庙、华滋馆等建筑，山崖上有个大泉眼，泉水从石雕龙头的嘴里喷出，名叫喷雪泉，燕京八景之一的"玉泉垂虹"就是指这个景点。崖上还有一块石碑，正面刻有"天下第一泉"，背面刻有"玉泉趵突"，都是乾隆手书。当年清宫的饮用水都是用水车灌上玉泉山的泉水运进城里去的。玉泉山东门有个裂帛湖，湖水流动发出"嘶嘶"的裂帛之声，因此得名。山间林木繁茂，景色幽静雅致。

三、杭州西湖孤山行宫

东南形胜，三吴都会，钱塘自古繁华，重湖叠巘、三秋桂子、十里荷花的秀丽湖山，为山水园林的兴建提供了十分优越的条件。杭州自五代、南宋作为帝王之都以来，宫殿苑囿争相竞丽，特别是南宋王朝在临安的150年间，帝王苑囿遍布西湖四周，造园艺术达到了很高的水平，可惜遗物已经难寻。现在有遗址可考尚且有地面遗物可寻者，首推康熙、乾隆时之孤山行宫，其中乾隆行宫之花园文澜阁及其后山花园，不仅遗址遗物尚存，而且具有很高的园林艺术价值。

行宫位于西湖孤山之正中，原为南宋时期的帝王苑囿，并建有西太乙宫和四圣延祥观等建筑。元人灭宋之后，全遭破坏，一无所存。明代也未曾加以兴建。到清康熙时始在此建立了行宫；但为时不久，到雍正时，效古时舍宫为寺习例，将行宫改为了圣因寺。其旁的御苑也同时改成了寺院的园林。到乾隆十六年（1752年）在此又修建了行宫和御苑，其后于乾隆四十九年（1785年）又将原康熙行宫圣因寺之藏经堂改建成为贮存四库全书之"文澜阁"，重新修缮布置了假山、亭、廊、水池等园林建筑，成了一处精美的帝王宫苑。

在乾隆中期翟晴江《湖山便览》一书中，对行宫作了专门记载："乾隆十六年，皇上法祖勤民，亲奉皇太后銮舆，巡幸江浙，驻跸西湖。恭建行宫于圣因寺西，适当孤山正中，面临明胜湖，群山拱卫，规制天成。御题正殿额曰'明湖福地'，进垂花门殿额曰'月波云岫'。后为园，自园径拾级而登……有亭巍然，湖光山色，环绕辉映，御题曰'四照亭'。亭下修竹万竿，清阴茂密，御题曰'竹凉处'。循曲径而西，乔柯奇石，目不给赏……南为步廊，接崇楼，楼俯全湖，晴波绮縠，摇荡几牖，御题曰'瞰碧楼'。楼下文石为台，面临曲沼，有泉出崖石间，演清漾碧，上把天光，御题曰'贮月泉'……其上恭建御碑亭，敬摹宸章，云汉昭回，焕耀天宇。数千年明圣之符，实征于今日云"。他还全文记录了沈德潜恭和御制西湖行宫八景诗的原文，详细描绘了行宫的景色。

整座行宫与御花园、文澜阁均于咸丰十年（1860年）被太平军毁，现在除文澜阁于光绪六年按照原状重建外，其余行宫建筑和御花园，已几经重建，不复旧观了。但其建筑基址和御苑规模还可寻，而文澜阁之假山、水池、亭廊尚基本保存旧貌，艺术价值甚高，极其难得。

行宫和御苑的位置，约当今浙江省博物馆和所属文澜阁藏书楼及中山公园的位置。康熙行宫和雍正五年改成之圣因寺，历史文献记载和遗址均不甚清楚。而乾隆时期的行宫御苑情况，以及现存遗址遗物，乾隆乙酉（1765年）翟晴江《湖山便览》记录甚详，与现存遗址对照还依稀可辨。

行宫的主体建筑，即今中山公园的位置。大门临湖，现有的公园大门已非原来所存乾隆御题"明湖福地"之原物，但门前石狮尚属旧物。入门之后，已成一片空阔广场，广场之内，石砌殿宇、廊庑台基石阶重重相接，遗址依稀可辨。通过广场中的殿路遗址，迎面石壁屏立，上写"孤山"二字。自此沿石级上登，即可达山间旧时行宫御苑。山间历代帝王苑囿遗迹，残件甚多，础石、基台大多为清代之物。在文澜阁墙后，有水池、曲桥，岸边建有亭名"西湖天下景"，亭为后代重修多次，但环境极为优美，其地是为南宋时御苑之一角，清代康乾行宫之后苑。亭前临曲池，背倚峭崖，悬葛垂萝，幽雅宜人。

文澜阁是当年乾隆来此读书赏景游乐之处、行宫的重要部分，本来就是一处精美的御苑。乾隆四十九年（1784年）为收藏《四库全书》，就前圣因寺之藏经阁旧址，仿北京故宫文渊阁之式修建。据民初胡寄凡《西湖新志》记载："阁在孤山之阳，清高宗命儒臣编辑《四库全书》，建文渊、文溯、文源、文津四阁庋藏群籍，复念江浙为人文渊薮，宜广布以光文治。命再缮三份，赐江南者二，浙江者一。浙江即以旧藏书集成之藏书阁改建文澜阁（按：诸多记载所称圣因寺藏经阁，乾隆建行宫时早已改为藏书阁了），并仿文渊阁藏贮。阁在孤山之阳，地势高敞，揽西湖全胜。"

文澜阁是以藏书阅览功能为主的御花园，其布局以楼阁、水池、假山为中心，四周环绕着回廊、亭榭、小桥、山石、花木。前为垂花门，门内为大厅，厅后有湖石假山如屏，转过或从山洞中曲折经行，来到忽然开朗的大池。池中有一玲珑耸立的太湖石，名为仙人峰，形态雄奇峻秀。池周花木繁茂，古木森森。池的东岸，有乾隆御碑亭，其旁小桥、石路、溪涧、林木组合有致。文澜阁位于大池正中北岸，是一座面宽六间、重檐硬山式房顶的楼阁建筑。阁的外观两层，内设夹层，实际是三层的楼阁。不幸的是这一建筑精丽、环境优美、保存了大量珍贵文物图书的帝王藏书楼宫苑，于清咸丰庚申（1860年）与北京故宫文渊阁、圆明园文源阁等被帝国主义侵略军劫掠时，同遭兵火，所藏图书文物也散失许多，部分图书暂存于杭州尊经阁。直到光绪六年（1880年），浙江巡抚谭钟麟、布政使德馨饬郡人邹在寅在旧址按原状重建此阁。阁的大小形状仍然依旧，并临湖建坊，新建了御碑亭和太乙分青室。现在在阁东夹巷内的御碑亭内还竖立了光绪皇帝御题"文澜阁"三字的碑石。阁内原藏《四库全书》，经过丁氏兄弟和后人的不断收集和补抄，现已基本上恢复了原来的面貌。全部图书已妥善保存在浙江省图书馆。文澜阁和水池、假山、亭榭等园林已作为浙江省博物馆的一部分向公众开放。

一处独具历史文化内涵特色的古典园林
——赵家堡"汴派园"和"辑卿小院"

我国古园林有着非常深厚的历史文化内涵或与某一特殊的历史事件相连，或与某种文化艺术现象相寄托，构成了具体园林的特色和景观、景点。赵家堡"汴派园"就是其中非常突出的一例。

汴派园位于福建漳州市漳浦县的湖西乡赵城村赵家堡（亦称赵家城）内。原是这一城堡的私家园林，当时是否有专门园名，尚未查考出来。现仅以园子内的一个重要景点建筑"汴派桥"之名并结合这一特殊城堡建筑的历史文化内涵而名之为汴派园。

由于这一园林与城堡布局密不可分及其历史文化的特殊关系，还须将这一城堡的历史作一简单的介绍。

一、赵家堡的历史沿革

公元 1275 年，偏都临安（今杭州）的南宋王朝赵㬎德祐二年，元将伯颜攻破临安，南宋灭亡。这时在福建的南宋遗臣又拥立益王赵昰为帝，年号景炎，企图苟延残局。但为时不久，宋将相继降元，最后宋丞相陆秀夫背负最后一个小皇帝赵昺（年号祥兴），于广东崖山投海殉国，宋王朝三百一十多年的历史，彻底覆亡。也正因为宋王朝的赵氏子孙一再南奔迁徙，有了逃亡的经历，在张世杰带领漂流出海的十六条大船中，竟有四艘未被大浪翻沉，逃回岸上，

无人知晓。在这幸存的四条船上尚存有宋王室年仅十三岁的闽冲郡王赵若和、侍臣许达甫、黄材等人。他们逃脱了元军的搜捕，沿海岸北行，想要逃回他们的封地福州，但路途遥远，又怕暴露，到了漳浦这个地方的一个靠海村子之后，便定居了下来。这时元朝的江山已经稳固，监事甚严，为了防止万一败露，便改名换姓，隐藏了下来，把赵姓改为了黄姓。之后赵若和娶妻生子，延续了宋王朝的后代，躲过了元朝残酷统治九十多年的岁月。时过百年，元灭明兴，改朝换代、百年隐姓埋名的赵宋子孙也不甚计较其身世了，或许也不知明王朝对此事是如何的政策，不敢贸然行动。却没有想到一件意外的事情发生了，明洪武十八年（1476 年）若和之重孙黄惠官想娶黄材的后裔为妻，被村民陈平中妒恨，以同姓通婚罪告上公堂。其兄黄明官只好献出了家族族谱，道出了改姓真情，当时的御史朱鉴为之上奏朝廷。明太祖朱元璋本是反元起家的，便欣然批准恢复其赵姓，并恩赐黄明官为鸿胪寺序班，其他赵氏兄弟也都加以安置。此一百年隐情得以公开，"人始知积美（今赵家城村）的赵氏为赵宋后也"。这就是赵家城历史的由来。

现存赵家城堡的建筑，是赵若和的第八世孙赵范于明万历二十年（1592 年）衣锦还乡之后，于二十八年（1600 年）开始修造的。

他首先修筑了一座城堡式的三层高楼"完璧楼"，接着于万历三十二年（1604年）相继修筑了堡城城墙和城中的官厅府第等建筑物。"次第经营就绪，垂二十年"之久，才完成了这一城堡式特殊形态府第的规模，这就是被称作完璧楼周围旧堡内城的一部分。由于赵氏家族的繁衍和防御功能的需要，旧堡也不能适应所需，特别是为了防御倭寇之患，不能不增扩旧堡，于是赵范之子赵义向府县呈文要求扩建，并于万历四十七年二月，经漳州府批准，由赵义经手扩建了新城和城中的府第、园林、寺观等建筑物。现存的赵家城的规模，就是这时形成的。

赵家城分为内城和外城两部分。内城周长222米，即赵范所筑以完璧楼为主的旧城。外城为赵义增扩之新城，周长1200多米，较之旧城增扩了20倍，城墙石砌，高大坚实，在居住和防御功能上，俨然是处"聚族蓄众"的坚固城堡。赵家城的布局与建筑，处处以怀念宋王朝旧景旧事为出发点。现存建筑中的完璧楼和汴派桥便是突出的代表。完璧楼即是取完璧归赵之义，而汴派桥则是自宋都汴京派流而来之义了。

二、汴派园

汴派园位于赵家城的东南部，面积近60亩（近40000平方米），约占整座城堡的二分之一。园林的布局与居住、礼仪、寺观等紧密结合，几乎看不出明显的界限，把建筑融于山水、园林景物之间，可称得上是"园居"式的园林，反映了宋家王朝帝王沉溺园林的遗意。当然雕栏玉砌、花石珍禽的帝王宫苑气势已无从再现了。

园林的规划与设计，充分考虑到自然的地形条件，相宜布置。整个堡城的地势是东南高西北低的丘陵地貌，而又以西侧地势最低。

这里原来就属于城堡旁边官塘溪的一个水潭，在扩建新城时有意把它包进了城内，以为解决城内防火、防围困的水源之用。平时城内丘陵山坡的地面水也都汇流这里，构成了一处常年不枯的水面，这就为园林兴造提供了一个必备的优越条件。赵家城园林的造园手法充分运用了因地制宜、利用自然、顺应自然、融入特定的传统历史文化内涵的造园技法。园林大体可分为东、南、西三个区域，东北为丘陵高地的自然林木区（松竹村景区），南部为小岗园景区，西部为湖池水景区。这三个区域环绕着赵家城的主要府第建筑。三个区域都有道路彼此相联系，并都与府第建筑相通，构成一个有机的整体。

（一）湖池水景区

这一景区的位置，正处于官厅大埕（广坪）的前面，西面城墙之间。可以说是堡城中心区府第门前一块难得的水景。在赵义扩建新城时就有意把这一水域扩入城内，其目的一是为了城内有一块大面积的水源，其二便是为了给堡城的造园创造条件。这一水景区的面积，与中心区的府第建筑群约略相等，约10余亩，占全城的十分之一左右。在造园手法上，把它作为开阔的部分来处理，为了分割水面的单调，在池的东西中心偏东部修筑了一道南北贯通的百米长堤，把池子分为东西两个部分。同时又在东池的南部修筑了一道东西向的石桥，打破了水面的寂寞。在实用功能上，长堤起到了联系北门区内房屋居住区、武庙、牌坊等处与南部丘岗园林区道路的作用。而石桥更起到了东部府第建筑区从官厅通向长堤和丘岗园林景区的作用。整个湖区从前都遍种荷花，所以称之为"莲花池"。在这一景区中，最为突出的景点要算是这一石桥了。它既是联系的交通枢纽，又是湖池中的观赏性建筑，因而它的造型与结构都经过充分的考虑。桥的形式分做了石版平梁桥和单拱石拱桥两部分，使整座桥的造型有所变化。平梁桥位于桥的西段，长20余米，下为六个桥墩，墩上平铺三块石梁桥面，宽1.2米，桥面两侧设石板护栏。石拱桥位于桥的东头，为单孔圆拱形式，拱两侧设有石板护栏，拱顶坡度甚大，上下较困难，根据现存情况推测，原来可能有踏步的设置。过拱桥以后，又有平梁桥一孔，以达于东岸，通向府第和丘陵高地园区。此桥不仅本身是一处观赏的园景建筑，而且也是一处观景之点。当人们走行桥上的时候，不仅三区园景近在眼前，而且官厅府第、寺庙、楼台以及远山近水都收入眼来，是我国传统造园艺术的佳作实例。

这一古桥是历史文化上的点睛之处，在西段石平梁与拱桥相交结合的平梁南侧，刻了隶书"汴派桥"三字。它点出了与北宋王朝兴盛时期汴京一派相承的含意，可惜已经远远不如"直把杭州作汴州"时的情怀了。

（二）丘岗园景区

这一景区位于赵家城的西南部，是造园艺术的重点部位。园林的建筑、道路、山石、花木等景点都集中在这里。有三条道路可以进入这一风景区：一条是从堡城的西门经湖池中的百米长堤登上丘岗进入；另一条是从中心府第居住区经汴派桥或南道登丘岗而入；第三条则是自堡城的西南角南门直接而入。三条道路都各有不同的景观和景点，三条园路虽来自不同的方向，但都互相联系，彼此呼应。此院景区的主要景点有：

墨池景点。从莲花池景区通向这一景区的路口交会处，路旁右侧的木林草地中，树立了一通上刻"墨池"两个大字的石碑，碑高1.5米，宽0.68米，厚0.15米，字高0.53米，宽0.42米。这一石碑有一段不平凡的经历。相传明朝

万历甲戌年（1574年），赵范任无为州知州，在修缮州署工程时，发现了一块刻有"墨池"二字的石碑，是宋代大书画家米芾任无为州知军时所书。米芾写这两个字也还有一个故事，说是米芾夜间在衙里吟诗作画的时候，常被池中蛙声所扰，米芾便写了一个"止"字投于池中，蛙声遂止，但是池水便从此变黑了。米芾感此，便书写了"墨池"二字，刻石立于池旁。因为年久，便深埋土中了。赵范出于对米芾（南宫）书法的爱好和对先朝的怀念，便把此碑拓印带回家乡收藏起来。明崇祯乙亥（1635年）赵义在扩建城堡、经营园林时，特据其父所藏此碑拓片刻了这一块石碑，把它立在莲花池之畔，以为风雅，并存怀宋之心。这一块碑又因明清王朝更替和其他原因，淹没土中多年。数年前赵家城村民在锄地时又发现了此碑，因未受很多风雨侵蚀和人为损坏，保存甚是完好。在碑头上，还刻有这一古碑的简单经历。

米南宫住无为军，作是书，代久土湮。及先大夫守斯州，缉庭出地得之。因治亭植□印刻心归。今临池更摹镌于石。

明崇祯乙亥。端阳日
中书舍人赵公瑞志
（赵公瑞印）

聚佛宝塔及佛庙景点。这一景点正对堡城的南门，处在地形高起的丘岗顶上。从现存的布局和规划设计来看，赵义在经营这一园林时，明显承袭我国传统园林中利用佛教寺庙的特点加以布置，尤其采用佛塔这一标志作为点景。（我国现存许多古园林如苏州虎丘、北京玉泉山、北海等都以各种类型的寺塔作为园林的标志）。这一景点因处在丘岗之上，加上宝塔高耸，也就更加显示它的主景位置。宝塔本为与佛寺相连的建筑，可惜佛寺现已无存。聚佛宝塔正位于从莲花池南来与北门北上的园路交汇处。塔为四方形，七级浮图，总高约6米，实心石

构建筑。塔的七层四面皆雕刻出佛龛与佛像，在上层塔的四周刻"聚佛宝塔"四字。塔顶冠以覆钵和三重相轮、宝珠，为石刻塔刹，整个塔的造型堪称挺拔清秀。在宝塔旁边，有一块自然大石，上刻"塔石"二字，书法甚工，未有留名，似是习赵体之作。拾数级而上，达丘岗平地，即是佛庙的遗址。据王文经先生考察，庙为三合土结构，单进三开间，内奉三释迦如来，配祀观音，皆青石雕像。20世纪60年代庙倒，佛像断了头，近年残像又复失去，整座寺庙成了遗址。但从现存遗址上还约可看出庙的规模。在现存的遗址上，尚残存门额石构件一块，正面刻行书"咫尺玄门"四字，背面刻篆书"禅印"二字。

在佛庙遗址北门额残石旁有一天然巨石，石上刻有赵公瑞五言律诗一首，先是在石上浅凿出高1.15米、宽0.85米的平面，然后刻字。字为行书，甚是流畅，具王、赵书体，功力甚深。诗云：

何代仙人化，嶙峋海上山。

叱羊应起立，控鹤独来还。

苔藓衣冠古，烟霞韵致间。

点头堪与语，对此欲招攀。

在诗后，有"挹石人峰步先大夫山居韵、天启甲子菊月，缉侯赵公瑞题"的落款。看来赵公瑞不仅对文章书法有较高的修养，而且对园林营构也有较高的水平。诗中反映了赵公瑞对此地山石林木、鸟兽、烟霞等自然环境的悟赞和造园的思路。

在此景点旁边，还有一个禹庙的遗址。祭祀大禹之祠庙，在我国长江、黄河以及全国各地有很多很多，而在闽南则甚为罕见。庙虽不大，但其历史文化内涵甚是丰富。可能也是赵氏为了继承中原文化而特为增添的内容。在庙前的围墙上，还特别嵌刻了一直被传说很难解读的《岣嵝碑文》。此碑相传原在衡山，唐代古文学家韩愈曾见过拓片，无法通读。明代著名学者杨慎（升庵）被贬贵州时，费了很大心力将碑文解读了，内容是大禹治水经过衡山时，臣民们赞颂他治水的功德：

承帝曰启，翼辅佐卿。洲渚与登，鸟兽之门。参身洪流，明发而兴。久旅忘家。

宿岳麓庭。智营形折，心罔勿辰。往求平定，华岳泰衡，宗书事裒，劳余伸湮，

都塞昏徒，南渎衍亨。衣制食备，万国齐宁，窜舞永奔。

原碑文76字，分两组嵌于门墙之上，每组38字。碑各高1.8米、宽2.3米，四周浮雕夔龙纹饰。现在碑仅存了一半，并被移于距庙十数米处。数百年来，一些学人对这一释读文字虽尚未能一致认同，但也未曾有别的认读出现，也就算默认了。

南门及土地庙景点。这一景点位于城堡城垣的西南角南门内，是从南门进入园林的入口。按照一般规律，南门应是城堡的正门，但由于整个堡城的地形是东南高、西北低，平坦处在西北，所以主要建筑官厅府第都在西北，而把东南丘岗地区布置成园林，这正符合因地制宜的规划原则。因此之故，赵家城人对于堡城方位的认识与一般常用的方向不同，北+南（东、西）即北门称东门，西门称北门，南门称西门（这里仍按通用的地图方位叙述）。如此认识方位，是否由于城内地形关系，主要建筑朝西，为了"南面称尊"的缘故，把西称作了南，或有其他原因，在历史文献中尚未发现有关记载，何以如此尚不得而知。从现存的情况看，在园林营构之初，就把南门这一景点作为整个园区的入口处来安排。进入大门之后，有三条园路分别通向园林的三个景区。往左是一条弯曲的园路，绕过丘岗通向墨池碑景点和汴派桥、莲花池景区。向右绕着城墙的石板道路，拾级而上通向丘岗和松竹村景区。在正对南门口，土地庙旁有一条盘转的石级，通向丘岗重点景区。就在这个三

岔路口上，安置了一个中国民间传统的神祠建筑土地庙。它不仅是为了保一境平安，而且也是这一园林设计的必需。土地是最基层的小神，建筑也最小，这可能是全国的通例。庙为一间，单檐悬山顶。建筑规格虽低，但屋脊飞翘，掩映在浓荫绿叶之中，却也增添了园林的意韵。

在这一景区中，原来还有一些楼亭等园林建筑，现在有的已成遗址，位置难寻，尚待进一步勘查考证。

（三）松竹村景区

在赵家城的"完璧楼"陈列室内，现在还保存了一块由明代书法家张瑞图所书写的"松竹村"三字的横额，字体为行书，甚有功力。在其后又刻有"硕山"二字，指的就是被称为硕高山的这一堡城内的高岗丘陵地域。松竹村横额原来所在建筑的位置与形式结构，现在已无从查考了，但是从这一园林景区的位置、地貌和山石、林木等仍然可以看出它在这一堡城园林中的重要位置。

这一景区位于堡城东部的高岗丘陵地带，从完璧楼、官厅府等其他园林景区都可以到达，但由于当时这一景区只作为大面积的松竹丛林，以自然环境取胜来安排，没有许多的大型建筑和规整宽大的道路，要在以其野旷为主，所谓园林营构中"旷如也"的手法。整个松竹村，约占园林景区面积的二分之一、全堡城面积的四分之一，范围甚大，在一处居住环境中有这样一大片林木地带，甚是难得。现在这一景区内植满相思树、松树和翠竹等其他杂树，仍然保留了林木为主的风韵。

在此景区的东南山半现在还保存着一座一间单檐的小屋，有如小土地庙一般，内部空空，尚不能肯定何用。按照这样一大片土地来说，似也要有一位土地爷来守护才好。沿着山坡往北，在一些林木之间还有一些文化内涵，有一

处生殖器崇拜的石头，前些年被砸了，但周围环境尚存。听说不时还有人暗暗来这里祈求。

三、辑卿小院庭园

赵义曾在北京宫中任文华殿中书舍人，名列朝班，博学多才，费多年之心力经营赵家城堡园林的同时，还特为营构了一座属于自己的小天地庭园。园子的规模虽小，却也有较高的品位。因赵义又号辑卿，所以把这座小庭园称之为"辑卿小院"。

辑卿院位于堡城北门与西门之间，是一处读书和修身养神的小天地。现今在惠堂旁边的自然圆石上，还刻有"读书处"三字。字为楷体，甚工整，可能也是赵义所题。小院的建筑原貌已有变化，但园林山石尚存。从现存遗址看，原来为一座三开间的厅堂式房屋，堂前即是山石花木庭园，现存有青石精雕石桌椅、青石花盆等遗物。人们在绕过"读书处"巨石之后，进入边门便是园林小院，小院周围有云墙围绕。小园的前半是一个卵石铺路兼铺草地的坪地，后面上三步石阶的平台，台上古树浓荫，散布着不同大小的自然圆石，间有经过加工的花岗石、石笋，等等。整个小园堪称典雅幽静，是一个读书养神的好地方。

这一小园在造园技法上的特点，仍然是妙在以崇法自然为主，树木花草随宜种植，特别是几块天然巨石，当年辑卿先生可能就未曾惊动过它们，现在仍然是原始状态，只是在它们身上增添了一点点文化风采而已。在左边的一块巨石上题"云巢"二字，这二字尺度不大，对石头未施斤斧，仍保存了自然的风韵。在右边一块较小的石头上，刻了"薰来"二字，所谓"薰风南来"。在这块石头的旁边一棵苍劲树根与石头紧密结合，显然已有成百年的历史，是否辑卿当年手植或又重栽过也不得而知。其余经过人工制作的石桌、石凳、石盆、石笋等，与自然山石和树木配合得甚是协调。总的来说，

这一庭院虽小，却也称得上是一处难得的佳作。

从初步考察中，我认为这一园林的确有其独特的历史文化和造园艺术的价值。主要有以下几点：

（一）这一园林的特殊历史文化背景，是中国造园史上所罕见的。试观王朝的更替，不是将前朝宫殿、园林加以破坏，就是将其据为己有，改名换姓，自己享用，至于新建园林更不能在意识上有已灭掉王朝的印迹。而这园林正因为宋代后裔得以隐姓埋名保全了下来，而明朝又是元朝的敌对者，才能容许赵氏后裔在兴建府第园林时，有如此的表现。整座园林的历史文化内涵可称为怀旧之作。赵义（公瑞）这位颇具文学艺术才华的人，确实下了不少功夫，把怀念赵宋王朝、怀念中原的感情融入园林之中，从景区、景点的布置、园林建筑的命名以至自己书写诗词、刻字等，都下了不少的功夫。园中"汴派桥"这一景点建筑的命名，正集中反映了这一历史文化内涵。

（二）利用自然地形，把水面、山坡、丘岗等不同的地貌，巧妙安排。把景区、景点相宜布置，有分离有联系，使人行园林中，在咫尺天地之间，时而山重水复，忽又柳暗花明。许多景点之间，彼此互为因借，步移景换，就连城堡外面的远近山岗也都借入园中。明万历至崇祯年间，正是我国造园高潮，园林理论与实践发展成熟，造园理论大师计成也正生活在这一时代。赵公瑞曾随其父遍访中原与江南，可能也受到一些名园的感染，才在闽南一隅花费了很长的时间和诸多心力，造了这一融居住生活于一体的园林。

（三）运用自然山石，以营造山石景色，是此园造园的一大突出特色。假山堆叠，是我国造园艺术中非常重要的一项，两千年来一直不断地发展着，从早期的利用自然稍加装饰，到宋代发展为万寿山艮岳的叠山高峰。宋徽宗时期的"花石纲"成了劳民伤财、王朝衰败的一桩事例。而在这一城堡花园中，很难看到如宋徽宗亲笔题诗作画那种漏、皱、透、瘦的祥龙奇石的遗物，更没有堆叠成山、玲珑秀丽的太湖石，花石纲和寿山艮岳的先王盛事已经一去不复返，既无此财力，又无此胆量去获取了。而这位深谙文史和园林艺术的公瑞先生，有意选取了崇尚自然、利用自然的造园技法，将这硕大高山上天公所赐原始状态的山岩和遍布城区内外的海蚀岩石，加以利用，或稍加整理，或略施文墨，题诗刻石增辉。就是在稍加整理、妆点文墨之时，仍然以保存原始自然风貌为主，如像那块"悟石"题字和"垂纶"刻石，也都那样自然，不夺天公之景。在园林艺术上现存一堆堆、一群群的自然山石，胜似许多皇家王府园林的假山、庭石多矣。

赵家堡园林在其特定的历史条件、特定的文化内涵、特定的地理环境之下产生，充分体现了我国古典园林造园艺术的高度水平，不能以规模之大小、费用之多少、名物之丰俭而视之，而应视之为古园林遗产中的珍品之一。

抢救保护圆明园遗址并加以整修开放

各位委员：

相阅 1993 年 3 月 17 日《光明日报》刊登的一条消息："抢救圆明园刻不容缓。"至哉斯言。但是如何进行抢救是需要慎重考虑的事情。为此我们根据中央提出的"保护为主，抢救第一"的方针和国家文物法的规定，以及经国务院批准的《北京城市建设总体方案》对圆明园遗址性质的规定，提出这个方法，敬请委员们指正。

圆明园遗址位于北京西郊海淀区颐和园的东侧，距城中心区 10 公里许，交通十分便利。

圆明园始建于清康熙四十八年（1709 年），经雍正、乾隆、嘉庆、道光、咸丰等 6 个皇帝，在 150 年的时间里不断经营修缮所完成。其鼎盛时期是康、雍、乾三朝，其总体布局和主要建筑景观也都是在这一时期形成的。

圆明园是中国古典园林艺术之无比杰作，在中国造园史上占有重要的地位，曾经受到国内外专家学者和社会各界的高度赞扬，被欧洲人称之为"万园之园"。它曾经作为人类文化艺术之瑰宝，以完整的艺术风貌作为清王朝在北京除故宫之外的第二个政治中心存在了 100 多年。

令人痛心的是在 1860 年第二次鸦片战争中，被野蛮的英法联军烧毁劫掠，使这一世界人类的瑰宝化为灰烬。伟大的马克思当时就曾对这一野蛮的行径进行了严厉的谴责。

为了永远保存这座在中国近代史上占有重要地位、在中国造园史上无比杰出的世界名园遗址，把它作为了解中国国情、教育人民和研究中国悠久历史精湛艺术的园林实物遗址，国务院已将其公布为全国重点文物保护单位。在 1983 年经国务院批准的《北京城市建设总体方案》中，已正式确定将圆明园遗址建成"遗址公园"，把它建设成为进行国情教育、爱国主义教育的阵地和参观游览的场所。

新中国成立以后，圆明园遗址的保护虽然得到了各级党和政府的重视，采取了许多措施，但是由于 100 多年来的历史情况和遗址内的种种原因，保护问题一直未能很好地解决。其中一个重要的原因就是遗址内自从园子被毁之后就不断迁入了一些农民住户，他们不断地繁衍发展，今天已经达到了 500 多户人家。他们住在园内、主要以农业生产为主，每日都要进行挖平土地和其他农业耕作活动。这样对园内的山形水系、建筑遗址等势必造成不断的破坏，而且人口逐年增多，破坏也逐年加大。现在已经到了必须彻底解决的时候了。

1992 年党中央提出了"保护为主，抢救第一"的文物保护方针，圆明园遗址的情况完全符合这一方针，而且达到了非救不可的程度。北京市的各级领导都非常重视此事，市长亲自到现场考察，提出了抢救的目标和方式，其中最重要的就是必须尽快迁出园内 500 多户居民，需款 5000 万至 8000 万元（估计）。

按照"保护为主，抢救第一"的方针和小平同志指示在改革开放、搞活经济中要保护好文物的精神，圆明园遗址的保护、开放的投资可以采取多渠道筹集，也可利用外资、合资公办的方式。但不管什么方式都应把保护和抢救放在首位，严格按照文物保护法办事。

据此，提出如下的方案。方案的总目标是除管理园林必须的住户外，其余住户全部迁出遗址，根据"科学保护，合理利用"的原则，尽快地建成博物馆式的遗址宫苑，向国内外开放。具体方案内容可分为四大部分，或称四个方面：

一、遗址的清理

遗址是圆明园保存下来的实物，发挥各方面的作用、合理利用都必须以遗址为基础，以遗址为依托。作为文物保护的主题有以下几个部分：一是圆明园的总体布局。这是圆明园造园艺术的主要成果，现在基本保存完好。二是圆明园的山形水系。这是园林艺术的依托基础，总体布局的总要内容。现在的山形、水系已经有了较多的破坏，但还有可能加以恢复，使之"重现芳华"。三是圆明园的园林建筑，包括各种宫殿、楼台亭阁、廊屋轩榭等。这是圆明园的精华，现在大部分可说是化成了灰烬，仅存基础了，但它非常的重要，可凭据这些遗址展现当年的风貌。四是叠石堆山。这也是圆明园这一园林艺术的精华，现在已大部分坍塌残损，但还可以把它稍加整理，仍有极大的观赏和研究价值。五是花木、绿化和鸟兽鱼虫等。这也

都是圆明园园林杰作中不可缺少的，已经不存，但将来还可重新种植、养育一些，以为美化和体现原来景色之用。六是其他，如露陈等，已经全无，以后逐步收集或复制。

遗址的清理是一项科学性、技术性很强的工作，必须按照考古工作的程序进行，事先要提出清理方案，按照文物法规定的程序报批之后，要有考古专家参加，并有合格领队人，以确保遗址清理的质量。

遗址清理是一项细致的科学工作，不能"大兵团"作战，可以一处处景区、一座座建筑或一个个园子进行。将来也不一定全部都清理完才开放，可分步清理，分期开放。

必要时可在遗址的基址上，陈列出按一定比例制作的模型，或用其他方式展现当年的风貌。

二、修复围墙

圆明园的围墙是园林整体的重要组成部分，是昔日园林的保护屏障，也是园林的界墙。今天它仍然是确定这一国家重点文物保护单位重点保护范围的依据。现存园墙已大部坍毁，几年来只修复了很小的一部分。为了保护遗址以及将来的开放管理首先必须修复围墙。

围墙的修复也必须按原状、原材料、原结构修复。

三、复原部分有代表性的景点和建筑

圆明园已完全成了废墟，地面建筑除了"西洋楼"尚存一些残件外几乎一无所有，无以显示其昔日的艺术风采和建筑工艺水平。因此选择一部分景区和建筑按原状恢复，目的是为了加强对比教育，使人们一看便知如此精美的园林艺术瑰宝被侵略者野蛮地破坏了，而今只剩下大片废墟遗址。与此同时也提供参观，游人得以目睹圆明园昔日艺术之芳华。

虽然只是局部，也可引起昔时全部辉煌壮丽之联想。

由于是选择代表性之景点与建筑，设计施工质量必须是高质量的。设计方案事先要进行科学研究，找出可靠的复原依据，包括遗址遗物、文献资料、图纸照片等。施工队伍也要高水平，精工细作，务求达到康熙、乾隆时期的工艺水平。如果质量不高，将达不到预期的效果。

恢复的景区拟以圆明园正门进口处之"九州清晏"这一景区为目标，因为它是圆明园首要之景区，宫苑结合。"九州"来自古代禹贡九州之说，有深厚的中华文化传统，"清晏"象征着政通人和，国泰民安，有安定团结、兴旺发达之意，有现实意义。此一景区较大，建筑较多，也不一定全部恢复，只选择其中有代表性的景点和建筑恢复，其余仍作遗址清理。

此外是否还选择个别景点恢复，待以后看效果如何再议。

四、制作一个全面展示圆明园盛时之大模型以"重睹芳华"

圆明园这一被称作"万园之园"的园林艺术杰作，除了它这个景区景点和建筑、山石等的精美构成之外，它那完整的山形水系、总体布局极为宏丽壮观。制作一个三园的全部微缩模型即可让人们重睹圆明园昔日之芳华，了解其全貌。

此一模型之制作必须要有科学性，按一定的比例，不然就没有价值。绝不能像深圳锦绣中华那样分割缩制，因为性质不同。这里是文物，这里是新开景区，只不过是利用文物的题材而已。因此这一模型一定要按真实比例缩小，河湖、山形道路等的尺寸也不能任意加大或缩小。关于模型的比例问题，至关重要，不能过大，也不能过小。过大了无法观看，而且不便于制作，占地大，耗资也大。过小了，也不便于观赏。初步考虑以 1：50 为宜，即大约为 40 米 ×30 米的面积，或 1：100 也可考虑。

模型做成之后，不需征地，盖一个大厅展出即可，可采取像西安半坡遗址和秦陵兵马俑的参观方式。四周建一定高度的围廊，游人从廊上可一览无余，观看圆明园盛时全貌。此外在这一大厅之侧，可辟一小展厅陈列一些早年被毁时的图片资料，放映 10 分钟左右火烧圆明园的资料影片。

此模型大厅的位置设在圆明园大门外入口处，可以作为导引观赏之用。也可放在大门之内，因占地不大，易于安排。

此一方案完成之后，既可使这一园遗址得到彻底的保护，达到"保护为主，抢救第一"的目的，又能发挥很大的社会效益与经济效益。

（罗哲文、金冲及、王仲殊、林甘泉、王庆成、傅熹年等六位委员，在全国政协八届一次会议上的联合发言）

立体绿化是中国悠久历史文化造园艺术的特色、高科技与传统相结合的造园艺术的新发展——低碳减排，让城市生活更美好

在 2010 年上海世博"屋顶绿化大会"上的发言提纲

罗哲文

立体绿化，在中国有着几千年的悠久历史，攀缘植物很早就有了发展。明朝著名大画家、艺术家、造园艺术家徐渭把他的房舍称之为青藤书屋，至今还保存着并由国务院公布为全国文物保护单位。我国著名的航天泰斗、高科技带头人钱学森先生在 52 年前就在"不到园林，怎知春色如许——谈园林学"的一篇文章中提出了我国古代园林突破平面的立体安排。他说：

世界上其他国家的园林，大多以建筑物为主，树木为辅；或是限于平面布置，没有立体的安排。而我国的园林是以利用地形，改造地形，因而突破平面；并且我们的园林是以建筑物、山岩、树木等综合起来达到它的效果的。如果说：别国的园林是建筑物的延伸，他们的园林设计是建筑设计的附属品，他们的园林学是建筑学的一个分支；那么，我们的园林设计比建筑设计要更带有综合性，我们的园林学也就不是建筑学的一个分支，而是与它占有同等地位的一门美术学科。

——原文见《人民日报》1958 年 3 月 1 日

事隔 26 年，钱学森先生又更为明确地提出了"立体绿化"，把现代高科技手段应用于立体绿化的意见，在他 1983 年《再谈园林学》的一篇文章中写道：

现代建筑技术和现代建筑材料也为园林学带来又一个新因素，如立体高层结构。我想，城市规划应该有园林学的专家参加。为什么不能搞一些高低层次布局？为什么不能"立体绿化"？不是简单地用攀缘植物，而是在建筑物的不同高度设置适宜种植花草树木的地方和垫面层，与建筑设计同时考虑。让古松侧出高楼，把黄山、峨眉山的自然景色模拟到城市中来。这里是讲现代科学技术和园林学结合的问题，也是园林如何现代化的一个方面。

这里我作为一个文物古建筑的保护工作者，也非常敬佩钱学森先生在提倡高科技现代化技术进行立体绿化的同时还非常重视古典园林的保护问题，他在 1984 年 1 月所发表的《园林艺术是我国创立的独特艺术部门》一文中写道：

说到工人，联想到古典园林的保护问题。要继承发展中国园林艺术，就必须保存好现有的古典园林。现在有许多园林都被一些单位占了，要

下决心把占用的单位请走；另外，要保存好，修复好。怎样保存修复呢？现在的做法是粉刷一新，金碧辉煌，不是原来的风味了。在这方面，我们要向国外学习，他们的古典建筑尽量保存，并且维持原来的格调，而不是把它"现代化"。保持原来面貌这点应值得注意，这里有一套学问。我国已确实有文化保护研究所，各地区要支持本地区有关部门把这项工作做好。另外，还要考虑古代园林建筑如何适合于现代中国，使它更适应今天的人民中国，园林应该有的功能，让人们舒畅地休息，感到愉快，在精神上受到鼓舞。这也是进一步研究和发扬园林艺术的问题。

注：原文刊于《城市规划》学刊1984年第1年

钱学森先生的这些园林艺术的高见已经过去了几十年，他也已经离开了我们，但是他的这些真知灼见仍然值得我们敬重和学习。在此我也呼吁高科技的专家学者们和广大社会来关心支持、参与立体绿化和造园艺术的伟大事业。现谈谈一些屋顶绿化的意见。

屋顶绿化是立体绿化中最为重要的一部分，而且随着高层建筑的兴起和发展显得越来越重要。此次在上海世博召开的国际屋顶绿化大会学术论坛正是适应了当前城市发展的需要，非常重要、非常及时。主办单位邀我来参加此次盛会，非常高兴，由衷感谢。

人类和一切生物的起源都来源于绿色，来源于植物，人类和一切生命的生存和发展都离不开绿色，没有了绿色就没有人和一切生命。我作为一个从事古建筑学习和保护工作六十多年的工作者，深深感到园林绿化的重大意义和它们的重要价值。

屋顶绿化的历史十分悠久，在国外相传公元前2000年就发现古苏米尔人的UR城的大庙塔的三层台上有种植过树木的痕迹。公元前1500年

的巴比伦空中花园，曾作为公元前200年认定的上古世界七大奇迹之一存在了1000多年。我国四五千年前的高台建筑台面上可能已有过花木的装饰。如三千多年前《诗经》上描写的"灵台"，台面上建有房屋，可能种植了花木。但当时远远没有认识到它对于像今天低碳减排、美化人类生活的重要意义。现提出以下几点看法，请教方家高明。

一、屋顶绿化、屋顶花园是一种特殊性、综合性的园林艺术

屋顶绿化、屋顶花园是以屋顶和各种高层平面为载体，进行覆土或其他形式的无土种植，以种植花草树木，还要有不断的蓄水、排水工程。它涉及建筑、工程、农林、园艺等专业学科，而且还涉及文化艺术、美学、社会学各方面的内容。也就是钱学森先生在上世纪50多年来一直强调的中国造园艺术是一门综合性的包涵多种学科的特点。

二、屋顶绿化或屋顶花园是与高科技相结合的一种特殊园林艺术

屋顶绿化、屋顶花园，由于脱离了地面的稳固荷载，要附加于建筑物的屋顶或平台之上，首先提出的是要保证建筑物的绝对安全（包括渗漏），因此在新的建筑设计时必须要考虑建筑物的荷载能力，一般不要低于400千克/平方米，还要根据是否布置假山、水池、树木的情况而定。在旧的高层建筑上增建屋顶花园，也必须经过准确的计算来加固补强原来的建筑结构。特别是要注意防渗漏，微小的渗漏尤应注意，因为久而久之会腐蚀建筑的内部结构。这些都需要用高科技的方法、建筑材料、施工工艺等来解决。

此外还有电器设备、检测观察仪器等都需

要利用现代化的科学技术来解决。

三、造园绿化艺术方面的高科技应用

屋顶绿化、屋顶花园除了工程技术方面需要高科技之外，造园艺术也需要高科技的加入和应用。花草树木的种植培育、养护、防虫、防病害、防止自然灾害等都需要高科技来解决。当然不能忽视传统的经验，祖传的秘方也属高科技之列。如果作为屋顶花园，就需要更多的设施，如营造假山、水景、喷泉、瀑布等景观都需要各种科学技术来解决，因为它们是在屋顶之上，较之地面要求更高。屋顶绿化还很少考虑到夜景，屋顶花园有些地方做了晚间的照明。将来立体绿化推广发展起来了，可能要部分代替地面的园林活动。夜景的照明灯光也应在考虑之列。

四、鸟、兽、鱼、虫等动物的招引与养育

在我国古代造园艺术中，十分重视动植物的种植与养育，在三千多年前《诗经》中描写的"灵沼"、"灵台"，灵沼就是养育水禽鱼类的地方。植物有了绿色，动物则有了生气。屋顶绿化有了花草树木，必然会引来飞禽、蝴蝶之类的动物。是否能养育一些斑马、牛羊、梅花鹿或珍稀动物要看具体条件而定。总之是要有动物才会使绿化园林活起来。

在我国古代造园艺术中，关于动植物养育种植的理论与实践有着许多丰富的经验。有许多论文和专著，是把它们作为生态环境艺术来营构的。

五、屋顶绿化或屋顶花园需要丰富的文化艺术的内涵

从广义来说，园林绿化本身就是文化的一

部分，北京市多年前就提出了"文化建园"的方向，起到了很好的作用。文化内涵的丰富，是中国园林绿化、造园艺术的重要特色，是世界其他国家所少有的，这是因为中国 5000 年历史文化从未中断的缘故。中国传统文化艺术、文学中的匾额、楹联、诗词歌赋、雕塑、绘画以及戏曲、弹唱、歌舞等莫不汇集园林之中。屋顶绿化、屋顶花园将来的发展也需要吸收这一独具特色的部分，丰富其内容。

六、结语

我作为一个六十多年来从事文物古建筑、园林、历史文化名城保护与研究的工作者，一向不赞成人口高度集中，钢筋混凝土、钢结构丛林的城市。然而这种情况早已成为了现实，交通拥塞、空气污染等弊端已经难以解决，其中尤以危及人们身心健康的空气恶化最为严重。对此，我们必须加以解决。解决方法就是立体绿化，屋顶绿化，屋顶花园，立体花园。钱学森先生在几十年前所提出的："不是用简单的攀缘植物，而是在建筑物的不同高度（屋顶当然是主要的）设置适宜种植花草树木的地方和垫面层，与建筑设计同时考虑。让古松侧出高楼，把黄山、峨眉山的自然景色模拟到城市中来。"他的这种美好的愿望我想一定会实现的。

这正是这次中国上海世博会主题：让我们的城市生活更美好的重要部分。

姑苏十唱之望江南·虎丘

姑苏好，海涌虎丘高。古刹云岩增胜迹，山庄拥翠暗香飘。塔影微波摇。

注：虎丘为苏州著名胜景，相传从海中涌起，故又名海涌山。山上有云岩寺和虎丘塔，被视作苏州之标志。山下有塔影桥，伫立桥头，山光塔影倒映水中，丽景如画。桥上楹联中有"横波留塔影"之句，山上还有拥翠山庄等园林名胜。

姑苏十唱之虞美人·灵岩怀古

灵岩山寺青青草，细雨流光照。吴山隐约下余晴。烟树迷离人散，渐黄昏。馆娃宫殿今何在，遗址几更改。年年岁岁旧情思。响雁廊声飘向有谁知。

注：灵岩山，传为吴王夫差为西施所造馆娃宫殿之所在。山上山下西施的古迹甚多，但均为传说之词，当时遗物已经不存，唯历史故事可堪借鉴而已。

扬州十咏之七绝 瘦西湖

瘦西湖原名保障河。从唐代以来因扬州城址变化，人工开凿的护城河纵横交错，逐步形成了变化曲折的风景区，到了乾隆时期逐渐繁华起来。当时有一个名叫汪沆的诗人，把它与杭州西湖相比，吟出"也是销金一锅子，故应唤作瘦西湖"之句，瘦西湖由此而得名。其时，出扬州北门后有长堤直达蜀冈，有"两岸花柳全依水，一路楼台直到山"之称。今瘦西湖与平山堂之间，虽恢复了一些景点，但还有许多景点残缺，如能把旧景恢复，当是一桩美事。

保障销金旧迹残，前朝遗迹说班班。

何时再植长堤柳，一路楼台到蜀山。

扬州十咏之七绝 个园

个字名园画意浓，四时山色有无中。

香飘桂子盈厅榭，曲径楼台上下通。

扬州园林本不亚于苏杭，唯破坏较多，今正在修复中，现存"个园"为清初旧迹，园中黄石假山相传为著名画家石涛所叠。嘉道间两淮盐总黄至筠改筑，植竹万竿。因竹叶画如"个"字，以为园名。园中假山以石笋、太湖石、黄石、宣石模拟为春、夏、秋、冬四时景色，似有而无，颇具匠心。而亭榭厅堂又与假山配置相宜，融为一体，堪称佳作。

扬州十咏之七绝 冶春园

绘阁香廊半水中，冶春园景展奇容。

尘嚣咫尺垂杨外，映水栏杆上下红。

冶春园，在园林格调中，堪称上乘。此地位于北门外，昔时称作"下街"，临河设茶肆，临水售卖，宛如颐和园中所仿"苏州买卖街"。清初诗人王渔洋曾结友赋冶春诗词，风行一时。清末民初仍仿渔洋旧事，结社于此，冶春园之名，得来于此。园有草庐一列，名"水绘阁"，半入水中；又与"香影廊"相连，倒影于水。对岸林木参天，垂杨拂水，虽咫尺尘嚣，仍觉别有天地。附近还有御码头遗迹。

承德离宫（避暑山庄）七律

冲天石挺①树崇标，武热双河②掩碧瑶。

澹泊敬诚③筹国策，山庄范围艺风高。

远人来向由敷政，八庙巍峨见盛朝。

建筑精华称国宝，园林文物共彰昭。

①冲天石挺指棒槌山，为承德的自然形胜标志。

②武热双河指武烈河、热河。

③澹泊敬诚指山庄正宫楠木殿，为清帝山庄临朝之大殿。

黄山四咏之七绝 雨过天都

雨里黄山景最殊，披云拨雾过天都。

珠帘万道频频卷，雪浪千重缓缓舒。

怪石奇峰时隐显，青松古柏有忽无。

人间仙境何处有，乘兴游观仙不如。

注：天都峰位于黄山东南部，海拔1810米，为黄山三大主峰中之最险者。古人云此乃"群

仙所都"，因此为名，曾有"任他五岳归来客，一见天都也叫奇"的诗句。

黄山四咏之七绝 蓬莱三岛

潮涨潮衰年复年，祖龙跨海未逢仙。

何如一上黄山好，步入蓬瀛一线天。

注：相传东海之中有蓬莱、方丈、瀛洲三神山仙人居之，有长生不老之药。祖龙（秦始皇）欲入海会仙人求长生不老药，但派人入海既未见仙山，更未得长生不老之药。黄山之蓬莱三岛位于玉屏峰畔，过"一线天"之后，登石梯数十级，回首处有参差不一之石峰三座，峰上古松苍劲，峰下云环雾绕，宛如仙境，故以"蓬莱三岛"称之。

七律·黄果树瀑布奇观

黄果树前百丈渊，灵犀飞去不知年。

捣珠击浪飘神雨，崩玉纷流挂雪帘。

素练高悬千仞壁，银河倒泻九重天。

但留此景常观看，不慕禅林不羡仙。

贵州黄果树大瀑布为久负盛名之瀑布奇观，位于贵州镇宁布依族苗族自治县西南十五公里之白水河上。飞瀑自宽四十米、高六十多米之高崖跌落，凭高作浪，发出惊天巨响，银花飞溅，珠玉笼烟，前人曾以"捣珠碎玉"来描写其晶莹之状。明代著名地理学家徐霞客曾称之为"阔而大"为全国第一，而其雄厉之势则有"珠帘钩不卷，飞练挂遥峰，俱不足以拟其壮"。在瀑布之下的深渊名犀牛潭，相传潭中原有巨犀，时常出没潭边，后累有人窥之，欲为加害，不久羽化飞去，犀牛潭之名，从此留了下来。

一九八二年十月于贵阳

登高看天池

1981 年风景园林会议在新疆乌鲁木齐召开，同仁们共赴天池考察。同行老中青咸集，有人偶议登上 4000 米雪线。我此时虽已年近花甲，仍报名参加，坚持到顶者为数不多。我和谢凝高同志要算是涉水登山之志同道合者，达到了最高处而返。从高处下瞰天池，有如浮空天镜。

浮空天镜降重宵，装点山河景更娇。

光照银峰千仞雪，波摇金影万松涛。

层岗叠彩花添锦，巨石拿空望欲摇。

西部风光无限好，瑶池仙境分外娇。

注：新疆天池传为西王母之瑶池。

千山观日出夜登五佛顶

不记葱茏路几盘，暗随人影渡千湾。

飞身急步临高顶，坐看飞腾火一团。

附录二　书序题辞

北京市园林局《文化建园》论文集题辞

世界上所有的一切，概而言之，不外乎自然与人工二者。举凡山川河岳、树木花草、鸟兽虫鱼等皆为自然之存在，而琼楼玉宇、雕栏玉砌等皆为人工之创造者。造园艺术之巧安排将自然与人工融为一体，成为人类居住、生活、游息之最佳环境，此之谓园林也。世界各国之园林，虽各有不同之造园特色，但亦不外自然与人工二者之如何结合而已。

中国园林有着悠久的造园历史和高度艺术与成就，在世界园林中独树一帜，大放异彩，集建筑、山水、花木、鸟兽鱼虫、叠石堆山等于一体，尤其在法乎自然、营构自然环境方面达到了极高的境界，所谓之"虽由人作，宛自天成"的效果。

中国园林蕴含着丰富深厚的历史文化内容，除园林本身的艺术之外，诗词歌赋、匾额楹联、金石书画、碑刻雕塑、戏曲歌舞、饮食烹调等，无所不可包纳其中。古典园林已成了中国传统文化重要的组成部分。

继承传统，展望未来，在城市园林化的目标下，不管是利用古园林还是兴造新园林，把文化作为重要的内容都是十分必要的。于此可见北京市园林局提出的文化建园作为新世纪园林发展的必然要求是非常正确的。

《湖山品题——颐和园匾额楹联解读》序

颐和园是我国现在保存最为完整、内容十分丰富的皇家园林，因而早被国务院公布为第一批全国重点文物保护单位，并列入世界文化遗产名录。如何更好地保护、宣传和深入研究十分重要。

目前有关颐和园的书刊、画册、杂志、导游手册已有不少，对研究宣传这一重要的皇家园林起到了积极的作用。但是颐和园的内涵太丰富了，可研究的问题很多，尚需引起专家学者的高度重视。

兹有多年从事中国园林设计与文化研究的夏成钢先生，他抓住颐和园中一个十分重要而未能引起重视的匾额楹联课题，进行了深入的研究，写成《湖山品题》一书。书中追踪寻源，详加考释，见解独到。作者在引论中对匾联文化与古建园林、历史环境关系的分析，发人深思。同时书中引论与正文前后呼应，互为印证，清晰地展示了颐和园匾联的来龙去脉。

从书中可以看出作者态度严谨，主要在两个方面。一是文学注释。颐和园匾联内容大多深奥难懂，一般的工具书难于解释明白，作者在这方面下了很大功夫，特别是纠正了许多以讹传讹的误解。另一方面是作者对各景点匾联来历的考证，这是过去从未有过的研究。清代

史料浩如烟海，从中筛选资料，需要有澹泊有恒的心态。书中引用的大量史料，许多是首次发表，别开生面，实际上也可作为其他皇家园林的参考。这些都使本书具有很强的学术价值，为准确深入理解古典园林提供了基础。

书中的另一特点是信息量大。作者强调园林艺术的综合性，书中旁征博引，使得匾联背景清晰明了，具有立体感。过去的园林设计师常常由文人画家担当，皇帝周边的文人更需要上知天文、下知地理，这种以文学为基础的综合学识背景，使得园林意蕴丰富。若单独以现代意义上的文学、景观学或建筑学来诠释古典园林，都会有失偏颇。纵览全书，作者视野已超出颐和园一园或单一学科的范畴，读来有"小中见大"之感。

颐和园是匾额楹联最为集中的皇家园林之一，它的匾联具有代表意义。作为世界文化遗产，需要大量与之相匹、有深度的研究成果，本书可说是一个很好的范例。

半个多世纪以来，我一直从事古建园林的保护和考察研究工作，特别是对颐和园情有独钟，它的历次保护维修、科研项目，以至申报世界遗产等都曾参加过，尽了一点绵薄之力；也曾从科学分析的角度写过一些宣传介绍文章，

对颐和园的匾额楹联、诗词歌赋等文化内涵尤为喜好。20 世纪 40 年代后期，我在清华大学建筑系的时候，几乎每天都要到昆明湖游泳健身，与这一园林结下了深厚的感情。作者知我这些经历，由老友李亮同志推荐，特嘱我为序，于是写了一点对此书的认识和意见，请教读者方家高明，并借以为此书出版之祝贺。至于对书中匾额楹联的品赏评论，还请读者自己去阅读和评说，在此不作多赘。

二〇〇八年七月二十六日于北京

读《熙春园·清华园考》一书有感

　　清华校友苗日新先生将其对清华大学校园历史考证研究的力作《熙春园·清华园考》一书清样稿赐我先睹为快，不胜感激之极。我拜读再三，爱不释手，拍案称奇，引起了对六十多年前曾经学习和居住过的地方的深深怀念。清华大学现存传统古建筑工字厅、水木清华、古月堂等都是我难忘的地方。1946年的冬天我来到清华园的时候，就在荷花池里学滑冰，夏天又在水木清华看荷花。1948年冬天我正住在工字厅西廊的一间宿舍里迎接了清华园和北平古都的和平解放。1950年冬离开清华后，半个多世纪以来因访师会友和工作关系，不断来到清华大学，与清华园结下了不解之缘，结下了深厚的感情。

　　我是一个学古建筑的，对古典园林更情有独钟，我曾经出版过《中国古园林》一书，由于对清华园的历史不清楚未能将其专题列入，十分遗憾。

　　细读《熙春园·清华园考》一书，不仅使我重新认识到清华园的历史与艺术价值，而且使我了解到被称之为康乾盛世的帝王君臣父子兄弟之间争权夺利内部斗争的一些情况。其中最为重要的是《古今图书集成》这一历史上最为宏大的类书的编修经过和地址问题，纠正了我多年的误解。20世纪七八十年代，我因工作的关系曾在故宫武英殿"行走"过十多年，一直认为康熙发起和编修的《古今图书集成》是在这里进行的。对这一歪曲了的历史事实，苗日新先生费尽千辛万苦，以历史文献和实物遗存包括图纸两相印证的方法，证实了由于宫廷内部斗争所造成的错误并还其历史真相，功莫大焉。

　　综览全书，我得到的一个最深的印象是：日新先生以学建筑工程基础科学的严谨态度，结合长期担任清华大学基建处负责人的经历、对清华园的深厚感情，进行实物与文献资料相结合的考证研究，得出的结论我认为是可信的。书中的许多图纸和资料都是罕见的，十分可贵，可称之为文图并茂，洋洋大观，为清华大学一百周年华诞献上的这份厚礼弥足珍贵。

　　此外，我还非常赞赏日新先生在书中提出的恢复重修近春园的建议，因为这不仅可为清华园这一古典名园增光添彩，也可为清华大学这一名校的校园增添一处亮丽的历史文化景观。

　　作为与清华建筑系的老校友，谨此向苗日新先生费心尽力完成的这一《熙春园·清华园考》专书力作表示深深的感谢，并在此赘上几句短语感言，借以为对此书出版之祝贺。

　　　　　　　　　　二〇〇九年十月己丑仲秋

《苏州园林纵览》序

苏州，这颗位于长江三角洲太湖之滨的璀璨明珠，远在五六千年以前，就有我们的祖辈先民在这里劳动、生息，开发着这块富饶而又美丽的土地。公元前560年，吴王诸樊迁都于此。到公元前514年，吴王阖闾又把城池从方圆5公里扩展为周长47里的大城，迄今已有2516年的悠久历史。在这漫长的岁月里，苏州人用他们辛勤劳动和聪明智慧，创造了出类拔萃的物质文明和精神文明，使苏州成为中华民族文明史上人杰地灵、富饶美丽的"人间天堂"，著名的历史文化名城和旅游城市。

园林集建筑、叠山、理水和动植物配置于一体，是物质文明和精神文明高度发展的产物。苏州最早的园林是帝王宫苑，如吴国的"姑苏台"和"馆娃宫"，等等。但由于历史沧桑，这些气势雄伟、规模宏大的园林建筑早已荡然无存。而以东汉时吴大夫笮融建造的"笮家园"、东晋时顾辟疆建造的"辟疆园"为代表的"私家宅园"，则开创了苏州私家园林建筑的先河。苏州历代文人辈出，他们参与达官贵人私家园林的规划、设计和建造，再加上技艺精湛的能工巧匠的辛勤劳动，使苏州的造园之风长盛而

不衰；明清以来，更是风起云涌，造园之风大盛。据1955年我的恩师刘敦桢先生带领学生在苏州的调查，仍有188座保存完好的园林、宅院，足见其数量之多了。其中的拙政园、留园、网师园、环秀山庄、沧浪亭、艺圃、狮子林、耦园和退思园，已被联合国教科文组织世界遗产委员会列入《世界文化遗产名录》。这些艺术瑰宝，已成为全人类的共同财富，难怪曾有人评价苏州古典园林时说："江南园林甲天下，苏州园林甲江南。"

正是由于苏州园林的长盛不衰，因此在实践过程中，培育了大批的能工巧匠，出现了高水平总结造园经验的专著。唐代雕塑大家杨惠之，有"塑圣"之称；曾负责建造过北京天安门和明十三陵之一的裕陵、有"蒯鲁班"之誉的苏州人蒯祥，明代计成的《园冶》，清末民初姚承祖的《营造法原》，都是著名造园家和古建专著的代表作，迄今仍指导着人们的实践。

近年来，一批对苏州园林、古建筑和文物研究有素的仁人志士，先后组织编写并出版了《苏州古盘门》、《苏州古塔》、《苏州古亭》、《苏州古桥》、《苏州假山》等书，并结集出版了《苏州圣景》一书，受到了人们的称誉。近来，

他们又将《苏州造园史略》、《苏州历代主要造园家》、《苏州园林建筑》、《苏州园林小品》、《苏州园林建筑装饰》、《苏州园林室内陈设布置》等结集为《苏州园林纵览》出版，这是一件十分值得庆贺的事。《苏州园林纵览》是研究苏州古典园林的综合性成果，是一部不可多得的好书，它为园林研究人员和广大读者，又提供了一本精美的读物。余从事古建园林研究五十多年，读了此书，颇多收益。欣喜之余，略赘数语，书中丰富的内容还请广大读者去品说。

二〇〇二年五月于北京

《姑苏城外山水间》序

苏州历史悠久，人文荟萃，景色优美，素来享有"人间天堂"之美称。苏州的古典园林早已列入了世界文化遗产名录，还有昆曲、古琴等也相继成为了世界非物质文化遗产。

半个多世纪以来，我曾不下百余次来到苏州，与这一美好的"人间天堂"结下了深厚的情缘，在许多人文与自然的美景中久久不能离去。

当我读了杜国玲所写的《姑苏城外山水间》一书之后，不禁深深为之感动。她作为苏州市的领导，在工作之余，足迹踏遍了苏州城外的山山水水，并将其所得研究整理编成书公诸大众，使人们不仅跟随作者去饱览那些青山绿水，而且看到了一位文化遗产朝圣者的心灵世界。

今天文化遗产的保护已刻不容缓，我们需要的是大家都来关心呼吁，更需要像本书作者那样有脚踏实地的工作热情去揭示那些不为大家所注意的文化和自然遗产的价值，把考察研究的成果公诸大众，得到社会认同，都来参加保护并发挥作用，做到保护与发展相辅相成、相得益彰，为建设和谐社会作贡献。我相信此书的出版将会起到积极的作用。

是为序。

二〇〇九年己丑金秋

祝《古建园林技术》杂志创刊 25 周年、发行 100 期

非常高兴，今天古建同仁聚集一堂来庆祝《古建园林技术》杂志创刊 25 周年、发行 100 期！感谢房地集团的支持！正如周部长所说，我今天站在这里，也是希望还能尽自己的绵薄力量，做到退而不休，尽量不辜负大家对我的信任。

此前的 25 年实属不易。我一直把《古建园林技术》杂志当作《营造学社汇刊》的延续，想当年《营造学社汇刊》也遇到过很多的困难，我曾经在那里待过一段，特别是最后两期，梁思成先生和林徽因先生为杂志经费到处奔走的情景至今仍记忆犹新；这种精神是值得《古建园林技术》杂志继承的；如今杂志得到了房地集团的大力支持，未来会充满希望！

《古建园林技术》杂志创刊 25 年的成果斐然，正如马炳坚主编在报告里讲到的，它不仅为当代作了很多的贡献，而且也留下了宝贵的文化财富，就像《营造学社汇刊》一样；咱们可能还没有完全认识到这之中蕴藏的财富，但这是历史的财富，是永远不会磨灭的；同时这也是改革开放 30 年的成果，如果没有这样好的形势，可能也就没有今天的《古建园林技术》；我想这是很了不起的事情，应该将这笔财富永远地传承下去。

为了不忘营造学社的功绩，不忘梁、刘二公的功绩，这里我写了一首四句小诗，祝新的工作人员、新的班子继引风骚，超越前人！祝《古建园林技术》杂志更加辉煌！

古建梁刘不朽篇，开基立业育英贤；

江山代有才人出，继领风骚更向前。

祝贺《中国园林》创刊 25 周年

中国园林以其悠久的历史文化内涵和精湛的造园艺术著称于世。在世界造园史上独树一帜，独具特色。《中国园林》在宣传介绍中国园林悠久的历史文化、精湛的造园艺术和国内外优秀的园林成果以及继承传统、创作新园、弘扬民族文化等方面都作出了重大的贡献，功莫大焉。

希望《中国园林》这一在国内外有重大影响的刊物越办越好，为建设有中国特色的社会主义作出更大的贡献。

二〇一〇年庚寅金秋